Schnelleinstieg in SAP® HCM

Ein Guide für Ein- und Umsteiger

Wolf Kanngießer

Willkommen bei Espresso Tutorials!

Unser Ziel ist es, SAP-Wissen wie einen Espresso zu servieren: Auf das Wesentliche verdichtete Informationen anstelle langatmiger Kompendien – für ein effektives Lernen an konkreten Fallbeispielen. Viele unserer Bücher enthalten zusätzlich Videos, mit denen Sie Schritt für Schritt die vermittelten Inhalte nachvollziehen können. Besuchen Sie unseren YouTube-Kanal mit einer umfangreichen Auswahl frei zugänglicher Videos:

https://www.youtube.com/user/EspressoTutorials.

Kennen Sie schon unser Forum? Hier erhalten Sie stets aktuelle Informationen zu Entwicklungen der SAP-Software, Hilfe zu Ihren Fragen und die Gelegenheit, mit anderen Anwendern zu diskutieren:

http://www.fico-forum.de.

Eine Auswahl weiterer Bücher von Espresso Tutorials:

- Udo Walsch, Jürgen Schmitz, Lars Möller: Praxishandbuch SAP®-Zeitwirtschaft (HCM-PT)
  http://5120.espresso-tutorials.de
- Marcel Schmiechen: Berechtigungen in SAP® ERP HCM – Einrichtung und Konfiguration
  http://5160.espresso-tutorials.de
- Marcel Schmiechen: Berechtigungen in SAP® ERP HCM – Erweiterung und Optimierungen
  http://5161.espresso-tutorials.de
- Wolf Kanngießer: Formulargestaltung in SAP® HCM – PDF-Formulare mit HR Forms erstellen
  http://5198.espresso-tutorials.de
- Pablo Stuardo: First Steps in SAP® SuccessFactors – Performance and Talent Management
  http://5294.espresso-tutorials.com

Bibliografische Information der Deutschen Bibliothek
Die Deutsche Bibliothek verzeichnet diese Publikation in der Deutschen Nationalbibliografie; detaillierte bibliografische Daten sind im Internet über http://dnb.ddb.de abrufbar.

Wolf Kanngießer
Schnelleinstieg in SAP® HCM

ISBN: 978-3-960120-92-6

Lektorat: Anja Achilles

Korrektorat: Stefan Marschner

Coverdesign: Philip Esch

Coverfoto: © fotolia | BestForYou No. 142253347 – stock.adobe.com

Satz & Layout: Johann-Christian Hanke

1. Auflage 2018

URL: www.espresso-tutorials.de

Feedback:
Wir freuen uns über Fragen und Anmerkungen jeglicher Art. Bitte senden Sie diese an: *info@espresso-tutorials.com*.

Inhaltsverzeichnis

Vorwort

Ich habe in meinen vielen Jahren als SAP-HR-Berater im Umfeld des Personalwesens bereits sehr viele Einführungsprojekte für die unterschiedlichen Komponenten des Moduls Human Resources (HR) begleitet. Meist haben wir dort ein anderes Personalwirtschaftssystem abgelöst und mussten der Fachabteilung erst einmal grundsätzlich das SAP-System vorstellen, denn es war für viele Projektteammitglieder absolutes Neuland.

Vor dieser Situation stehen auch diejenigen, die ihre Arbeit im Personalwesen nach einem Firmenwechsel plötzlich nicht mehr im altvertrauten, sondern im Modul SAP HCM durchführen sollen. Studierende, die ihre berufliche Zukunft im Personalwesen sehen, durchforsten die Stellenanzeigen nach geeigneten Positionen und werden dort oft in den Anforderungen lesen, dass Kenntnisse in SAP HCM Bedingung oder von Vorteil sind.

Genau an solche Ein- und Umsteiger richtet sich dieses Buch, ihnen möchte ich aufzeigen, wie SAP HCM aufgebaut und strukturiert ist. Ich werde Ihnen erklären, welche Bedeutung die verschiedenen Begriffe wie zum Beispiel *Personalbereich*, *Abrechnungskreis* und *Mitarbeitergruppe* innerhalb dieses Systems haben.

Die Arbeit mit diesem Modul ist sehr anspruchsvoll. Es hebt sich von den anderen Modulen erheblich ab, weil hier nicht nur die Kenntnisse des Systems von größter Wichtigkeit sind, sondern vor allem auch die Umsetzung der gesetzlichen Vorschriften und Verordnungen absolute Priorität vor allen anderen Funktionalitäten, wie Statistiken, Auswertungen oder planerische Anwendungen hat. Der Personaler muss die Gesetze und Anforderungen der Sozialversicherung sowie die des Steuerrechts kennen. Im Datenschutz und *AGG* (Allgemeines Gleichbehandlungsgesetz) sollte er sich genauso auskennen wie mit der *DEÜV* (Datenerfassungs- und -übermittlungsverordnung).

Und wie wird das alles im SAP HCM umgesetzt?

Genau bei dieser Fragestellung möchte ich Sie unterstützen. Jeder, der als Ein- oder Umsteiger mit dem Modul SAP HCM arbeiten soll, wird von diesem Buch profitieren.

Was Sie erwartet

Dieses Buch wird Ihnen die Grundlagen vermitteln, wie das SAP-HCM-System angewendet wird. Es ist ganz bewusst kein auf Abrechner oder Personalentwickler ausgerichtetes Experten-Buch. Für die einzelnen Komponenten innerhalb SAP HCM gibt es viele Fachbücher, die auf diese Themen viel genauer eingehen und spezielles Fachwissen vermitteln. Wenn Sie sich diesem Buch widmen, lernen Sie, wie das System »tickt« und welche Zusammenhänge zwischen den einzelnen Komponenten bestehen. Sie werden verstehen, was passiert, wenn Sie Personalmaßnahmen durchführen, und lernen SAP-Standardfunktionalitäten kennen, die Ihnen die Arbeit in diesem Bereich erleichtern.

Danksagung

Dank geht an meinen Arbeitgeber KWP INSIDE HR GmbH, der es mir ermöglicht hat, dieses Buch zu erstellen.

Auch geht ein Dank an Frau Anja Achilles, die Lektorin des Verlags Espresso Tutorials. Ohne ihre Kommentare und Anmerkungen hätte es nicht so viel Spaß gemacht, dieses Buch zu schreiben.

Und natürlich danke ich meiner Frau, Renate Feder, die mich bei der Erstellung des Buches immer wieder unterstützt und motiviert hat.

Im Text verwenden wir Kästen, um wichtige Informationen besonders hervorzuheben. Jeder Kasten ist zusätzlich mit einem Piktogramm versehen, das diesen genauer klassifiziert:

Hinweis

Hinweise bieten praktische Tipps zum Umgang mit dem jeweiligen Thema.

Beispiel

Beispiele dienen dazu, ein Thema besser zu illustrieren.

Warnung

Warnungen weisen auf mögliche Fehlerquellen oder Stolpersteine im Zusammenhang mit einem Thema hin.

Gender-Anmerkung

Um den Lesefluss nicht zu beeinträchtigen, wird im vorliegenden Buch bei personenbezogenen Substantiven und Pronomen zwar nur die gewohnte männliche Sprachform verwendet, stets aber die weibliche Form gleichermaßen mitgemeint.

Hinweis zum Urheberrecht

1 Grundstrukturen des SAP HCM

In Projekten zur Einführung von SAP HCM habe ich die Beteiligten bei Verständnisproblemen immer wieder zu beruhigen versucht, indem ich darauf hinwies, dass das SAP-System eigentlich »nur« eine Standardsoftware mit einer Datenbank darstellt. Sie bilden miteinander eine verbundene Struktur, die Garant für das korrekte Ausführen aller Aktivitäten im HCM-System ist. Wie diese Funktionen und Systembestandteile ineinandergreifen, zeige ich Ihnen in diesem Kapitel.

Wenn wir im *SAP HCM* (Human Capital Management) von »Strukturen« sprechen, unterscheiden wir

- Unternehmensstruktur,
- Mitarbeiterstruktur,
- Organisationsstruktur.

Diese Strukturen waren am Anfang dazu gedacht, ähnlich wie in anderen Modulen, eine Unterscheidung zwischen den verschiedenen Unternehmenssegmenten zu erreichen und das Reporting zu vereinfachen. Im Laufe der Zeit wurden ihnen immer mehr Funktionen zugeordnet und Abhängigkeiten geschaffen, sodass eine genaue Kenntnis dieser Elemente für das Verständnis des HCM-Systems sehr wichtig ist. Wenn Sie zum Beispiel in der Unternehmensstruktur keine Personalteilbereiche einrichten, werden Sie nie eine positive Zeitwirtschaft einführen können, da sich die dafür notwendigen Arbeitszeitpläne für Kommen- und Gehenzeiten ausschließlich an diesen Strukturelementen anlegen lassen.

Da SAP eine Standardsoftware ist, ist die erste Herausforderung in einem Einführungsprojekt, diese Strukturen den firmenspezifischen Ausprägungen anzupassen. Der erfahrene Anwender spricht vom sogenannten *Customizing*.

Customizing

Unter diesem Begriff versteht man alle Anpassungen, die ohne Programmierung möglich sind. Alle darüber hinausgehenden Erweiterungen werden als *Modifikationen* betrachtet, für die ein Software-Hersteller keine Verantwortung übernimmt.

1.1 Unternehmensstruktur

Die Unternehmensstruktur soll die Firmengruppe oder die Firma in logische, miteinander verknüpfte Bestandteile gliedern. In der obersten Hierarchie sollte unbedingt der Bezug zur Finanzstruktur hergestellt werden. Im Personalwesen sind Kosten zu verwalten, zu kontrollieren, zu buchen und zu zahlen. Daher gelten die Verbindungen zu den Modulen FI und CO (Finanzen und Controlling) als die wichtigsten Elemente der Unternehmensstruktur im HCM. Dazu gehören u. a. der *Buchungskreis* für FI und der *Kostenrechnungskreis* für CO als Verbindungspunkte zum sogenannten *Personalbereich* des HCM.

Man kann den Personalbereich als selbstbilanzierendes Einzelunternehmen oder als eigenständige Firma innerhalb einer Unternehmensgruppe definieren. In den meisten Fällen bedeutet das für HCM, dass es pro Buchungskreis mindestens einen Personalbereich gibt. Mehrere Personalbereiche können einem Buchungskreis zugeordnet sein.

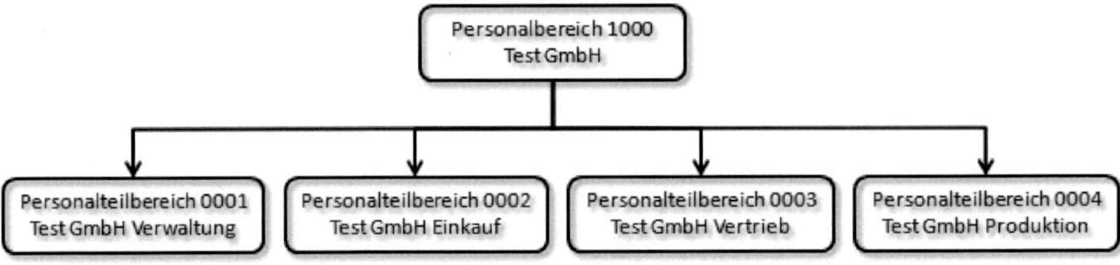

Abbildung 1.1: Unternehmensstruktur

Die Unterteilung in *Personalteilbereiche*, wie in Abbildung 1.1 zu sehen, ist aus Sicht der Abrechnungs- und Zeitwirtschaft sinnvoll, da z. B. in der Produktion überwiegend gewerblich Angestellte arbeiten, die nach Kriterien wie Stunden- und Akkordlohn entlohnt werden, während im Bereich »Verwaltung« eher tariflich bezahlte Mitarbeiter ihrer Tätigkeit nachgehen. Im Bereich »Vertrieb« werden dagegen eher außertariflich bezahlte Mitarbeiter sein, die zusätzliche Einnahmen durch Bonusvereinbarungen erhalten können.

1.2 Mitarbeiterstruktur

Die Mitarbeiterstruktur ist einfach aufgebaut:

- Mitarbeitergruppe,
- Mitarbeiterkreis,
- Personalabrechnungskreis,
- Organisationsschlüssel.

Sie soll die unterschiedlichen »Zustände und Kategorien« von Mitarbeitern darstellen. Es werden zum einen die aktiven Mitarbeiter, also solche, die aktuell im Arbeitsprozess stehen und über das SAP-HCM-System abgerechnet werden, angezeigt, zum anderen aber auch Rentner, die vielleicht eine Betriebsrente über das System erhalten. Oft werden zudem externe Mitarbeiter in einer eigenen *Mitarbeitergruppe* geführt. Ihre Bezahlung erfolgt zwar nicht über das System, aber zumindest deren Arbeitszeiten werden über das Zeitwirtschaftssystem erfasst. Dafür müssen sie im System mit einem sogenannten *Ministamm* angelegt sein. Der Ministamm beschränkt sich meist auf persönliche Daten sowie die Anschrift und Zugehörigkeit zu einer Betriebsstätte oder einem Arbeitsplatz.

Definition Mitarbeitergruppe

Mitarbeitergruppen dienen der groben Untergliederung des Personals. Eine Mitarbeitergruppe definiert, in welchem Maß die zugehörigen Mitarbeiter ihre Arbeitskraft dem Unternehmen zur Verfügung stellen. Die »Personaladministration« unterscheidet im Wesentlichen die Mitarbeitergruppen der *Aktiven*, der *Rentner/Pensionisten* und der *Vorruheständler*. Jede Mitarbeitergruppe wird im Customizing mit einer einstelligen Kennung definiert. (Quelle: SAP)

Bei dem *Mitarbeiterkreis* geht es nun eher ins Detail. Besonders bei einer SAP-HCM-Einführung muss man diesem Strukturelement besondere Beachtung schenken, da nachträgliche Änderungen sehr komplex und aufwendig sind.

Definition Mitarbeiterkreis

Mitarbeiterkreise untergliedern eine Mitarbeitergruppe. Innerhalb der Mitarbeitergruppe »Aktive« werden z. B. folgende Mitarbeiterkreise unterschieden:

- Stundenlöhner,
- Monatslöhner,
- Tarifangestellte,
- außertariflich Angestellte.

Der Mitarbeiterkreis wird im Customizing mit einer zweistelligen alphanumerischen Kennung definiert.

Auf der Ebene des Mitarbeiterkreises werden alle Steuerungsmerkmale der Personalstruktur definiert. (Quelle: SAP)

Die Steuerungsmerkmale der Personalstruktur sind unbedingt zu beachten, da jede einzelne unberücksichtigte Funktion zu erheblichen Schwierigkeiten etwa bei der Erstellung von Abrechnungsschemen, Berechtigungen oder im Reporting führen kann.

Sie sehen schon: Der Mitarbeiterkreis hat eine wichtige Funktion in der Mitarbeiterstruktur. Es ist durchaus möglich, dass verschiedene Mitarbeiterkreise für identische Positionen eingerichtet werden. Als Beispiel will ich einmal die Mitarbeiterkreise FÜHRUNGSKRÄFTE und VORSTÄNDE anführen. Sie stimmen in allen Steuerungsmerkmalen überein. Warum wurden sie dennoch in zwei Mitarbeiterkreise differenziert? Der Grund kann sehr einfach sein: Nur ein Mitarbeiter der Personalabteilung darf die Gehälter der Vorstände sehen und bearbeiten. Hätten wir die Unterteilung nicht, könnten wir keine spezielle Berechtigung einrichten, um dieser Anforderung nachzukommen.

Das nächste Strukturelement ist der *Abrechnungskreis*. Er wird eingerichtet, um die abzurechnenden Mitarbeiter nach Anzahl und dem Zeitpunkt für die Abrechnung zusammenzufassen. Die gewerblichen Mitarbeiter werden oft zum 15ten des Monats, die Angestellten zum Monatsende abgerechnet. Die gültigen Abrechnungsperioden sind für alle Abrechnungszeiträume datumsgenau hinterlegt.

Die datumsgenaue Ermittlung des aktuellen Abrechnungszeitraumes erfolgt über einen *Abrechnungsverwaltungssatz*, in dem die letzte abgerechnete bzw. die nächste abzurechnende Periode hinterlegt sind.

Als letztes Element der Mitarbeiterstruktur ist der *Organisationsschlüssel* zu definieren. Dieser besteht aus einem vierzehnstelligen Feld, das Sie frei strukturieren können. Dabei helfen Ihnen spezifische Steuerungs- und Regeltabellen. Der Parameter verfeinert die Möglichkeiten der organisatorischen Zuordnung eines Mitarbeiters zur Unternehmens- und Mitarbeiterstruktur. Die Elemente »Buchungskreis«, »Personalbereich« und »Personalteilbereich« aus der Unternehmensstruktur können zur Bildung des Organisationsschlüssels beitragen. Er ist zudem Bestandteil der Berechtigungsprüfung.

Der Organisationsschlüssel wird nicht sehr oft benutzt. Meist kommt er zum Einsatz, wenn man einige Zeit nach der Einführung von SAP HCM im Tagesgeschäft merkt, dass ein Parameter oder Attribut fehlt, um zum Beispiel ein konkretes Reporting durchzuführen oder eine bestimmte Berechtigung einzurichten.

Das war jetzt eine Menge an Definitionen und Erklärungen. Diese werden Ihnen mit der Zeit immer geläufiger werden und helfen, die Bearbeitung eines Mitarbeiters aus personaladministrativer Sicht besser zu verstehen und richtige Entscheidungen bei der Auswahl einzelner Elemente der unterschiedlichen Strukturen vorzunehmen, wenn es bei einem Mitarbeiter beispielsweise zu einem organisatorischen Wechsel kommt. Wenn man das Ganze einmal grafisch auf sich wirken lassen will, kann die Abbildung 1.2 hilfreich sein.

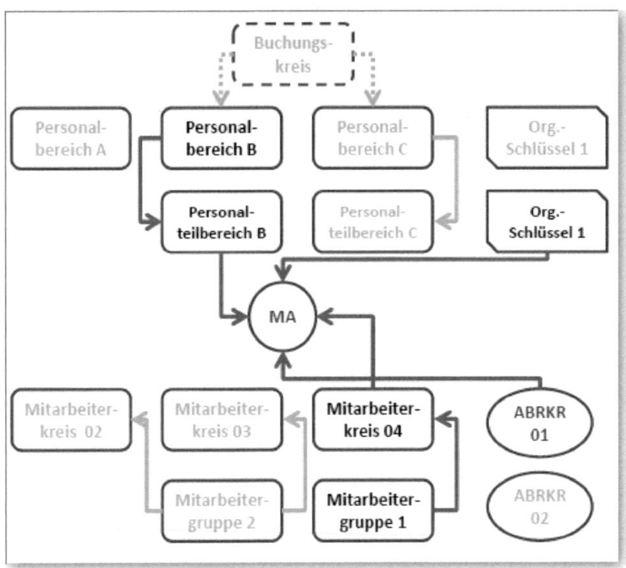

Abbildung 1.2: Mitarbeiter innerhalb der HCM-Strukturen

Der hier visualisierte Mitarbeiter wird im Abrechnungskreis 01 (z. B. Monatlich/Tarifgehaltsempfänger) geführt, gehört zur Mitarbeitergruppe 01 (Aktive) und darunter zum Mitarbeiterkreis 04 (z. B. Tarifgehaltsempfänger). In der Unternehmensstruktur ist er dem Personalbereich B (z. B. Verwaltung) und dem Personalteilbereich B (z. B. Personalabteilung) zugeordnet. Zur Erweiterung seiner Zugehörigkeit wurde noch der Organisationsschlüssel 1 erteilt. Dieser kann als Berechtigungsobjekt verwendet werden, wenn es um Zugriffsberechtigungen auf die Daten des Mitarbeiters geht.

1.3 Organisationsstruktur

Die Organisationsstruktur wird im sogenannten *SAP Organisationsmanagement (SAP OM)* abgebildet. Diese Komponente des Moduls HCM muss nicht zwingend eingerichtet sein. Es kann also durchaus sein, dass in Ihrem SAP HCM das Organisationsmanagement fehlt. Um eine Personalverwaltung, eine Lohn- und Gehaltsabrechnung und eine Zeitwirtschaft abzubilden, ist die Einrichtung der Unternehmens- und Mitarbeiterstrukturen zwingend erforderlich; die Organisationsstruktur wird für diese personalwirtschaftlichen Prozesse nicht benötigt.

Warum ist sie dann überhaupt verfügbar? Das lässt sich leicht, aber nicht mit wenigen Worten erklären. Es war über Jahrzehnte hinweg das Alleinstellungsmerkmal der SAP-Systeme, dass man alle Module untereinander verbinden konnte. Speziell im SAP-HCM-Modul war es charakteristisches Merkmal, dass man über Abrechnung, Verwaltung und Zeitwirtschaft hinaus u. a. die Komponenten Personalbeschaffung, -entwicklung und -planung im System abbilden konnte. In anderen Personalwirtschaftssystemen war dies nicht möglich, und die Unternehmen mussten andere Software einkaufen und einrichten, um diese Prozesse abbilden zu können. Gerade bei großen Unternehmensgruppen mit dezentralen Verwaltungen und vielen SAP-Systemen führte dies zu einer Ansammlung unterschiedlichster Software. Dies wiederum hatte zur Folge, dass eine Vielzahl von Schnittstellen programmiert wurde, um die in den angeschlossenen Fremdsystemen verfügbaren Informationen in die SAP-Systeme zu transportieren. Ich habe in den letzten 20 Jahren bei einigen Großunternehmen SAP HCM eingeführt. Die Ablösung der Fremdsoftware mit den dazugehörigen Schnittstellen bildete meist die Hauptaufgabe und auch das schwierigste Thema des Projektes, da nicht nur die Software selbst, sondern auch die über lange Zeit eingefahrenen Prozesse geändert werden mussten. Jeder, der in Projekten arbeitet, weiß, dass der größte »Projektkiller« die Einstellung der Projektmitarbeiter zur Neueinführung sein kann. Sie lässt sich häufig am besten so beschreiben: »Einführung in SAP HCM? Gerne! Aber es soll alles so bleiben, wie es war.«

Zurück zur Organisationsstruktur. Diese lässt sich am besten beschreiben, wenn man sich ein Organigramm vorstellt, das nach innen und außen zeigt, wie Ihr Unternehmen aufgebaut ist und wie die einzelnen Unternehmensbereiche untereinander verbunden sind (siehe Abbildung 1.3).

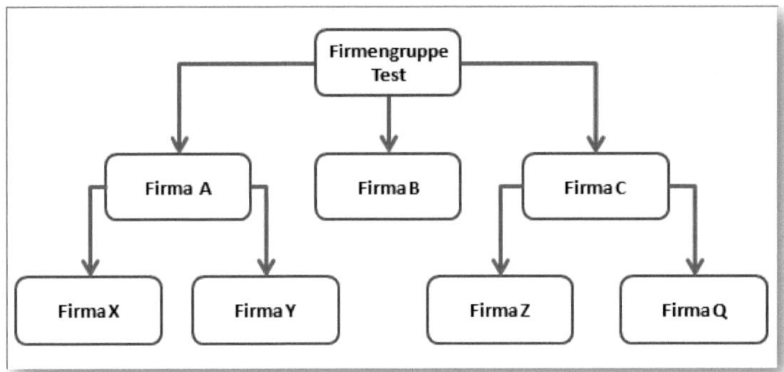

Abbildung 1.3: Organisationsstruktur

In dieser Organisationsstruktur verbirgt sich die Illustration einer Muttergesellschaft als Unternehmensführung mit Tochtergesellschaften, die wiederum mit untergeordneten Gesellschaften verbunden sind.

Wir haben es hier mit einer Ansicht zu tun, die die Abhängigkeiten der einzelnen Unternehmen in Bezug auf Mehrheitsanteile berücksichtigt. Hierfür kommen in der Praxis unterschiedliche Regeln und Vorschriften zum Einsatz. Zum Beispiel wird eine Gesellschaft nur dann als Tochtergesellschaft angezeigt, wenn die Anteile an dem Unternehmen mehr als 50 % betragen.

Für das SAP HCM brauchen wir allerdings ein paar mehr Darstellungsoptionen und Objekte, um die personalwirtschaftlichen Prozesse nutzbringend zu unterstützen. Die Definition des Organisationsmanagements von der SAP bringt dazu weitere wichtige Informationen:

Definition Organisationsmanagement

Mit dem Organisationsmanagement wird die aktuelle, derzeit gültige Aufbauorganisation, deren Veränderungen historisiert werden, dargestellt.

Es können weitere Aufbauorganisationen in zusätzlichen Planvarianten als Planungsszenarien dargestellt werden.

In SAP HCM werden zudem sogenannte *disziplinarische Abhängigkeiten* dargestellt. *A ist Chef von B*, wenn ich von oben nach unten entlang der Struktur nachsehe (siehe Abbildung 1.4). Von unten nach oben betrachtet, würde es dann heißen: *B berichtet an A*. Eine Organisationsstruktur besteht demnach nicht nur aus Objekten, die die einzelnen Unternehmensteile beschreiben, sondern aus unterschiedlichen Verknüpfungen, die die Abhängigkeiten der einzelnen Objekte untereinander ausprägen.

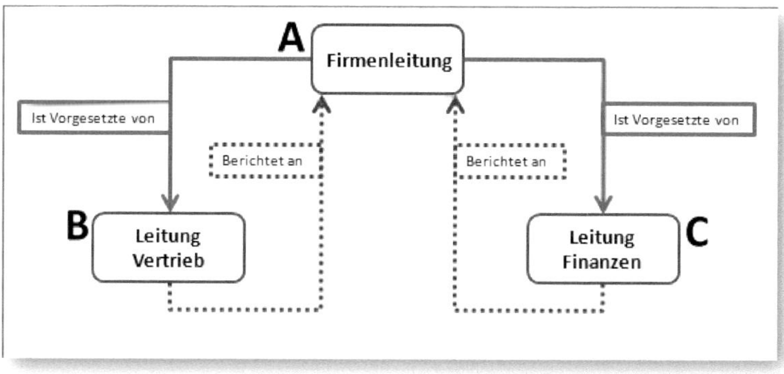

Abbildung 1.4: Organisationsstruktur mit Verknüpfungen

Allein die Verknüpfungen würden nicht ausreichen, um Komponenten wie Personalentwicklung oder -beschaffung in SAP HCM sinnvoll zu unterstützen. Daher werden noch einige Objekte im *Organisationsmanagement (OM)* für eine nutzbringende Integration des OM in die Personaladministration (PA) benötigt. Aber nicht nur mit der Personaladministration kann das OM verbunden sein. Es ist zweckdienlich, es in den folgenden Komponenten und Softwaretools einzusetzen:

- Personalentwicklung,
- Personalbeschaffung,
- Vergütungsmanagement,
- Personalkostenplanung,
- Veranstaltungsmanagement,
- Manager`s Desktop.

Das OM bildet darüber hinaus die Grundlage für den *SAP Business Workflow*. Die aktuelle Aufbauorganisation, die Sie im System anlegen, dient als Rahmen für eine Routingstruktur, mit der der SAP Business Workflow den entsprechenden Personen Aufgaben zuordnet.

Sie merken schon, dass das Thema »Organisationsmanagement« eine etwas größere Dimension annimmt, als es dem ersten Anschein nach zu erwarten war. Beschränkt man sich zunächst auf die Integration mit der Personaladministration, wird es etwas übersichtlicher. Die dafür angebotenen Objekte beschreibe ich Ihnen im nachfolgenden Abschnitt.

- In einer Aufbauorganisation werden die *Organisationseinheiten* (z. B. Abteilungen) verwendet, deren Hierarchie den funktionalen Aufbau Ihres Unternehmens widerspiegelt.
- Zusätzlich dient die Hierarchie der *Planstellen*, also die von Mitarbeitern zu besetzenden Positionen (z. B. Sachbearbeiter im Einkauf), als Grundlage für eine Berichtsstruktur.
- Die Objekte *Stelle*, *Aufgabe* und *Arbeitsplatz* spezifizieren die Sicht auf einzelne Objekte im OM (Details siehe Abschnitt 1.3.1).
- Nicht zu vergessen ist natürlich die *Person* – ein wichtiges Objekt im OM, wenn man einen Bezug zur PA herstellen möchte.

1.3.1 Objekte im OM

Im Organisationsmanagement der SAP werden folgende Objekte verwendet:

- Organisationseinheit (O),
- Planstelle (S),
- Stelle (C),
- Arbeitsplatz (A),
- Aufgabe (T),
- Inhaber/Person (P),
- Kostenstelle (K).

Indem Sie diese Grundobjekte miteinander verknüpfen, erstellen Sie eine übersichtliche Informationsstruktur, die Ihre Organisations- und Berichtsstruktur widerspiegelt.

Bei den Werten in Klammern handelt es sich um die sogenannten *Objektschlüssel*. Diese Schlüssel oder auch Kurz-IDs werden in SAP fast immer anstelle des langen Objektnamens verwendet. Bei der Suche nach Objekten ist es daher hilfreich, diese Schlüssel zu kennen (siehe Abbildung 1.5).

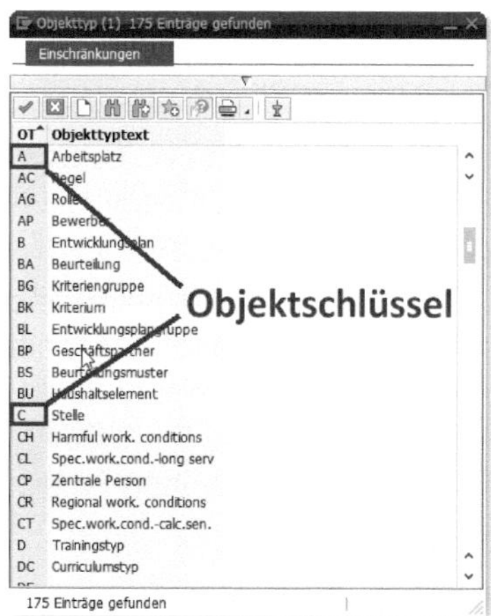

Abbildung 1.5: Objektschlüssel

Objekte: Definition und Verwendung im Unternehmen

Bei den Definitionen der einzelnen Objekte des OM verwende ich die Standardformulierungen, wie sie in fast jeder Erklärung dieser Elemente zu finden sind. Es kann durchaus sein, dass in Ihrem Unternehmen andere Begrifflichkeiten eingesetzt werden.

So kommt es beispielsweise sehr oft vor, dass der Begriff *Stelle* verwendet wird, aber die *Planstelle* gemeint ist. Lassen Sie sich dadurch nicht in die Irre führen und fragen Sie nach, was wirklich gemeint ist.

Die **Organisationseinheit** ist das Objekt, mit dem die Aufbaustruktur eines Unternehmens abgebildet wird. Sie kennen diese »Kästchen« aus Darstellungen in Organigrammen.

Wird der Blick auf diese Organisationseinheit weiter detailliert, finden sich dort die **Planstellen**. Diese sind in der Aufbauorganisation die Positionen, die bestimmte Aufgaben zu erfüllen haben. So werden sich in der Organisationseinheit »Vertrieb« mit Sicherheit die Planstellen für Vertriebsleiter, Assistent der Vertriebsleitung, Teamleiter Vertrieb und Vertriebsrepräsentant befinden.

Parallel zur Planstelle können im SAP HCM auch sogenannte **Stellen** definiert sein. Während Planstellen die konkreten, von Inhabern zu besetzenden Positionen in einem Unternehmen darstellen (z. B. Sekretärin der Marketingabteilung), sind Stellen allgemeine Klassifikationen von Funktionen in einem Unternehmen (z. B. Sekretärin), die durch die Zuordnung von Aufgaben und Eigenschaften näher zu bestimmen sind. Sie liefern damit Stellenbeschreibungen, die für mehrere Planstellen mit vergleichbaren Aufgaben und Eigenschaften gelten können. Die Stelle muss es also nicht zwingend geben. Ist sie detailliert angelegt, kann jeder in der Stellenbeschreibung nachlesen, welche Anforderungen an diese Stelle hinterlegt sind, und kann diese mit dem Profil eines Bewerbers vergleichen.

Um eine Stelle noch genauer zu spezifizieren, können Sie dieser das Objekt **Aufgabe** hinzufügen. Eine Aufgabe kann sehr speziell sein, wie etwa die Kenntnis einer Fremdsprache, die im Zusammenhang mit einer speziellen Planstelle notwendig ist.

Planstelle – Stelle – Aufgabe

Mit der Planstelle »Assistent Vertrieb China« ist die Stelle »Vertriebsassistent« verknüpft. An diese Stelle wurde zusätzlich die Aufgabe »Kenntnisse in Mandarin« angehängt. Erst mit der Aufgabe ist für die Planstelle die Anforderung dieser besonderen Sprache definiert.

Das nächste Objekt ist der **Arbeitsplatz**. Er ist der konkrete physische Ort, an dem eine Tätigkeit ausgeführt wird. Ein Arbeitsplatz kann durch eine generelle (z. B. Werk München) oder eine sehr genaue Ortsbeschreibung (z. B. Gebäude 4, 3. Stock, Raum 4711) bestimmt sein.

Als wohl wichtigster Objekttyp in SAP HCM ist die **Person** der Bestandteil des OM, der die Mitarbeiter des Unternehmens in die Organisationsstruktur integriert. Die Person ist der Inhaber einer Planstelle und, wenn im Einsatz, einem Arbeitsplatz zugeordnet.

Die **Kostenstelle** als letztes Objekt des OM wird häufig verwendet, damit die Controller über ihre Kostenstellen Auswertungen erstellen können. So können sie die Kostenentstehung über eindeutige Abgrenzungen im Reporting überprüfen. Die Kostenstelle ist ein externes Objekt und dient ausschließlich für Auswertungen aus Controlling- und Finanzsicht.

1.3.2 Verknüpfungen im OM

Die Objekte im OM müssen untereinander verknüpft werden, um unmittelbar in Beziehung zu stehen. Wie schon kurz in der Definition des OM in Abschnitt 1.3 beschrieben, werden aufgrund der Verknüpfungen bestimmte Ansichten produziert. Dabei können durchaus auch kundeneigene Verknüpfungen zum Einsatz kommen, wenn individuelle Auswertungen gewünscht sind.

Kundeneigene Verknüpfungen

Besonders in Großkonzernen ist die Abbildung verschiedener Abhängigkeiten meist sehr komplex. Hier reichen die Standardverknüpfungen nicht aus. Eine Planstelle wird von einer höheren Abteilung disziplinarisch geleitet, gleichzeitig aber fachlich von einer anderen Abteilung geführt. Hier kommt die kundeneigene Verknüpfung »berichtet fachlich an/wird fachlich geleitet von« zum Einsatz. Man kann dann im Reporting den entsprechenden Auswertungsweg einstellen.

Diese sind im Customizing des OM anzulegen. Die Verknüpfungen im SAP-Standard sehen wie folgt aus:

Eine **Organisationseinheit** kann u. a. verknüpft werden mit anderen Organisationseinheiten über die Verknüpfung A/B 002 (berichtet an/ist Linienvorgesetzter von).

Planstellen werden über die Verknüpfungen A/B 003 (gehört zu/umfasst) und A/B 012 (leitet/wird geleitet von) verbunden.

Aufgaben werden über die Verknüpfung A/B 007 (beschreibt/wird beschrieben durch) angelegt.

Eine **Stammkostenstelle** wird über die Verknüpfung A 011 (Kostenstellen-Zuordnung) verbunden.

Eine **Person** bzw. ein **Benutzer** wird zum Inhaber, wenn sie/er mit einer Planstelle oder einem Arbeitsplatz über die Verknüpfung A/B 008 (Inhaber) verknüpft ist.

Das sieht in einer etwas einfacheren Darstellung dann aus wie in Abbildung 1.6.

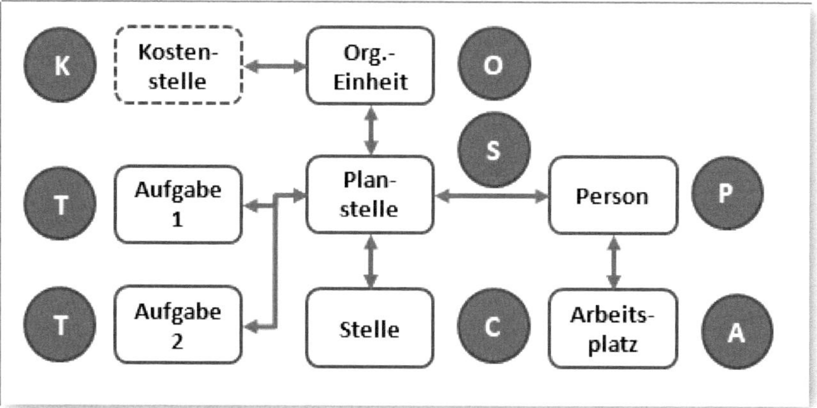

Abbildung 1.6: Objekte und Verknüpfung

Um es einmal in eine konkrete Situation zu »übersetzen« und zu verdeutlichen, betrachten wir das folgende Beispiel (siehe auch Abbildung 1.7):

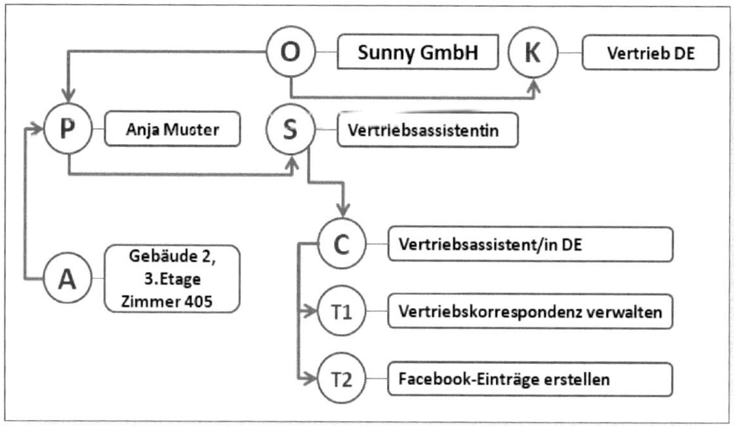

Abbildung 1.7: Organisatorische Zuordnungen

Die Person Anja Muster (OBJEKT P) arbeitet an einem physischen Ort, dem Arbeitsplatz (OBJEKT A) (Gebäude 2, 3. Etage, Zimmer 405). Ihr ist eine Planstelle zugeordnet (OBJEKT S). Diese Planstelle (Vertriebsassistent/in) wird durch eine Stelle (OBJEKT C) näher beschrieben (z. B. Vertriebsassistent/in Innendienst). Allerdings hat man dieser Planstelle noch einige zusätzliche Aufgaben (OBJEKT T) zugeordnet: Aufgabe 1 = Vertriebskorrespondenz verwalten, Aufgabe 2 = Facebook-Einträge erstellen. Die Planstelle wiederum ist der Organisationseinheit (OBJEKT O) zugeordnet. Dies ist in unserem Beispiel die Vertriebsabteilung. Da alle Kosten, die in dieser Abteilung entstehen, für das Betriebscontrolling erfasst werden sollen, ist diese Organisationseinheit der Kostenstelle Vertrieb DE (OBJEKT K) zugeordnet. So kann sich ein Controller jederzeit die Kosten dieser Abteilung ansehen.

Das war jetzt eine Menge an Definitionen und Erklärungen, aber sie sind ganz einfach notwendig, um das Zusammenspiel zwischen den einzelnen Strukturen und deren Objekten zu verstehen und diese im Rahmen der personalwirtschaftlichen Prozesse richtig bearbeiten zu können. Weitere Informationen zum Organisationsmanagement finden Sie im Kapitel 6.

2 Der Arbeitsplatz in SAP HCM

Sie sind in Ihrem neuen Unternehmen angekommen und sollen Ihre Tätigkeit in der Personalabteilung aufnehmen. Hierzu gehört ein Zugang zum SAP-HCM-System. Sie werden einen User und ein Passwort erhalten, mit dem Sie sich anmelden können. In diesem Kapitel werde ich Ihnen Ihre neue Arbeitsumgebung vorstellen und die notwendigen Oberflächen und Funktionen erklären.

2.1 SAP GUI und SAP Logon

Auf dem Rechner, an dem Sie arbeiten, ist eine Software installiert, die *SAP GUI* genannt wird. GUI steht für *Graphical User Interface* und ermöglicht Ihnen die Eingabe von Werten und das Anstoßen von Aktionen mittels Maus und Tastatur. Zusätzlich ist auf Ihrem Arbeitsrechner bereits das sogenannte *SAP Logon* angelegt (siehe Abbildung 2.1).

Abbildung 2.1: Zugang zum SAP-System über SAP Logon

In der Regel sind in einem Unternehmen mehrere SAP-Systeme installiert. Über das SAP Logon können Sie auf alle diese Systeme zugreifen. Die zumeist übliche Konstellation sind drei installierte SAP-HCM-Systeme:

- Entwicklungssystem,
- Test- oder Qualitätssicherungssystem,
- Produktivsystem.

Hintergrund für diese Ausprägung der Systemlandschaft ist die vorherrschende Vorgehensweise bei Entwicklung und Customizing. Auf dem Entwicklungssystem wird nur entwickelt, oder es werden Customizing-Arbeiten durchgeführt. Hier sollen keine Personalstammdaten angelegt sein. Wenn die Programmierungen und Tabellenänderungen durchgeführt worden sind, werden diese in das Test- bzw. Qualitätssicherungssystem transportiert. Im Testsystem sind Personalstammdaten hinterlegt, mit denen man die Änderungen oder Programmierungen ausprobieren kann. Dies geschieht in der Regel mit anonymisierten Echtdaten aus dem Produktivsystem. Hat der Personalfachbereich die Änderungen und Programmierungen getestet und für gut befunden, werden diese in das Produktivsystem transportiert und können erst ab diesem Zeitpunkt verwendet werden.

Transportwesen im SAP HCM

Jede Änderung oder Programmierung auf dem Entwicklungssystem löst einen sogenannten *Transportauftrag* aus. Der Programmierer muss diesen Transportauftrag kommentieren, indem er hinterlegt, was er wann durchgeführt hat. Jede Programmierung und jede geänderte Tabelle werden als *Transportobjekte* in diesen Auftrag eingebettet. Sobald der Programmierer die Transportaufträge nach dem funktionalen Test freigibt, werden sie über eine sogenannte *Transportschicht*, die vorher von der Basisadministration angelegt worden ist, in das Testsystem übertragen. Ist die Überprüfung dort erfolgreich, erfolgt der Transportauftrag in das Produktivsystem.

In manchen Unternehmen ist auch eine sogenannte *Sandbox* eingerichtet. Dabei handelt es sich meist um eine Kopie des Testsystems, die Anwendern wie auch Programmierern als Spielwiese dient, um neue oder angepasste Anwendungen und Programmierungen auszuprobieren, von denen man nicht sicher weiß, ob sie funktionieren. Wenn in Ihrem Unternehmen eine solche Spielwiese eingerichtet wurde, lassen Sie sich dafür einen User geben. Sie können dann gefahrlos alles ausprobieren, ohne dass sich das auf das echte Testsystem auswirkt. In der Regel wird die Sandbox in regelmäßigen Abständen durch eine Kopie des Testsystems wieder auf den aktuellen Stand zurückgesetzt.

Nun wollen wir uns aber endlich SAP HCM auf dem Rechner ansehen! Sie klicken dazu auf SAP LOGON und gelangen in die Übersicht der Systeme Ihres Unternehmens (Abbildung 2.2).

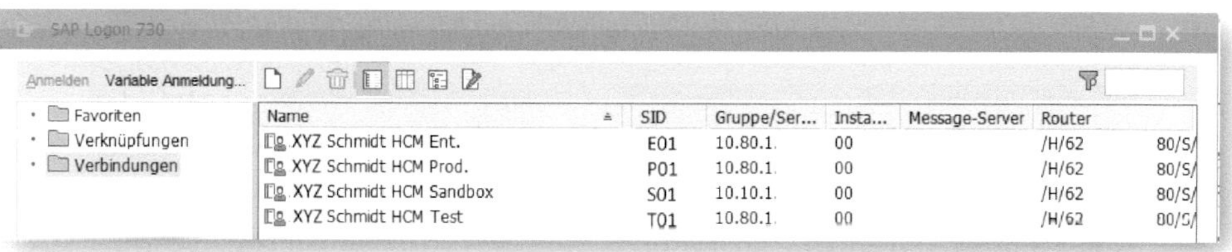

Abbildung 2.2: Systemübersicht

2.2 Anmeldevorgang in SAP HCM

Sie klicken einfach doppelt auf das System, zu dem Sie die Zugangsdaten, bestehend aus einem User und einem Passwort, von Ihrem SAP-Systembetreuer erhalten haben. Es öffnet sich ein Dialogfenster (siehe Abbildung 2.3), in das Sie Ihren BENUTZER und das KENNWORT eintragen.

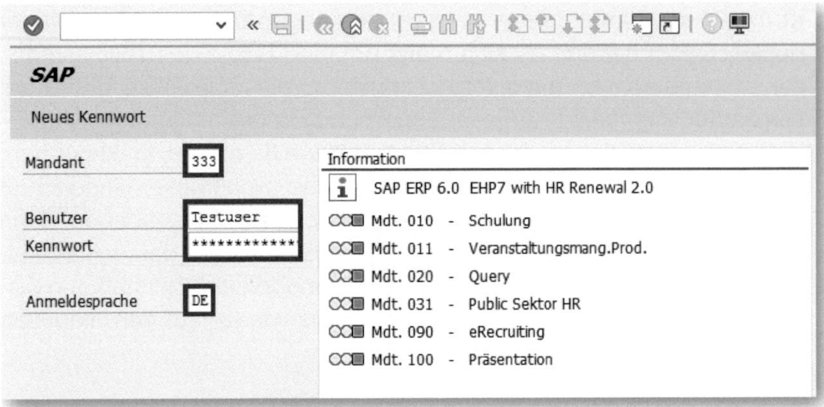

Abbildung 2.3: Systemanmeldung

Da Sie sich zum ersten Mal anmelden und ein sogenanntes »Initialpasswort« erhalten haben, werden Sie vom System aufgefordert, ein eigenes Passwort zu vergeben, siehe Abbildung 2.4.

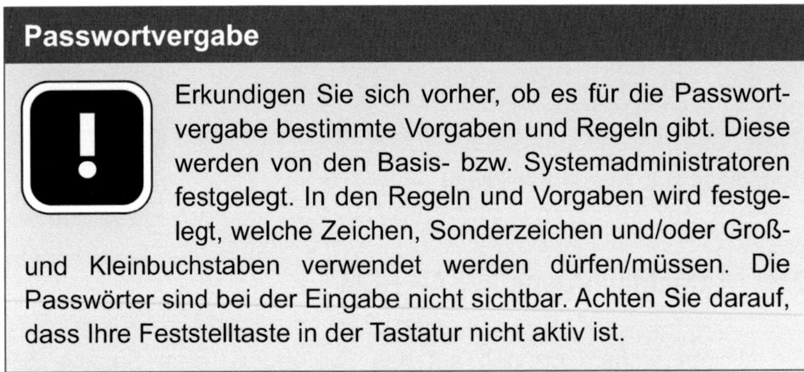

Passwortvergabe

Erkundigen Sie sich vorher, ob es für die Passwortvergabe bestimmte Vorgaben und Regeln gibt. Diese werden von den Basis- bzw. Systemadministratoren festgelegt. In den Regeln und Vorgaben wird festgelegt, welche Zeichen, Sonderzeichen und/oder Groß- und Kleinbuchstaben verwendet werden dürfen/müssen. Die Passwörter sind bei der Eingabe nicht sichtbar. Achten Sie darauf, dass Ihre Feststelltaste in der Tastatur nicht aktiv ist.

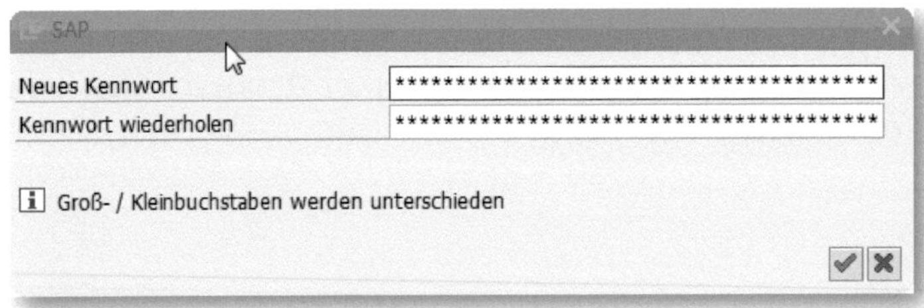

Abbildung 2.4: Passwortvergabe

Kommen wir auf das System zurück, für das Sie Ihren User und das Passwort erhalten haben. Es wird in der Regel das Produktivsystem sein. Schließlich sollen Sie ja Ihrer Tätigkeit als Mitarbeiter der Personalabteilung nachkommen können. Sie haben die erforderlichen Eingaben gemacht, und wenn alles gut gegangen ist, sehen Sie eine Oberfläche etwa wie in Abbildung 2.5.

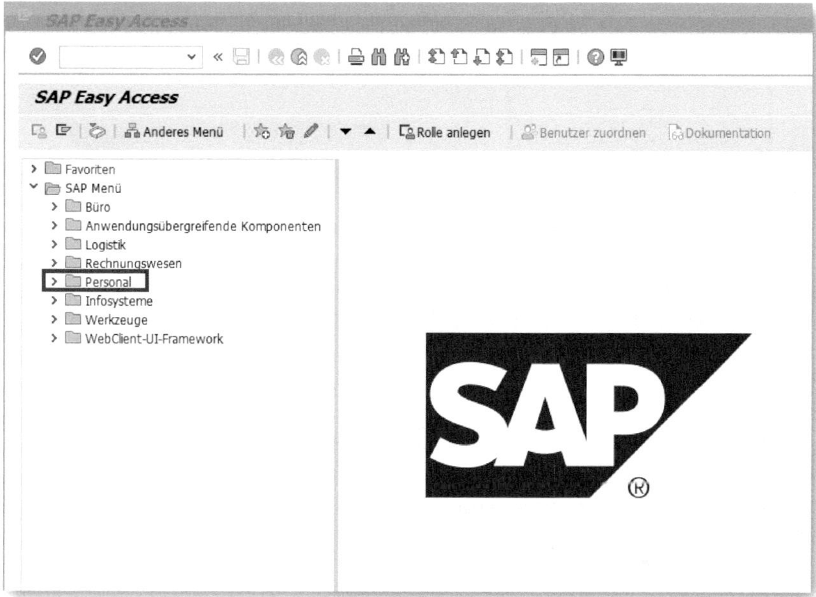

Abbildung 2.5: Einstiegsbild SAP HCM

Statt des SAP-Logos werden Sie wahrscheinlich das Logo Ihres Unternehmens sehen oder auch nur ein Dummy-Bild, je nachdem, ob die Systemadministratoren herausgefunden haben, wie man das Bild hier austauschen kann. Sie sehen links verschiedene Ordner in der gewohnten Dateiordnerstruktur, wie Sie es vom Explorer Ihres Privatrechners her kennen. Der Ordner PERSONAL ist Ihr Einstieg in die neue Arbeitsumgebung. Für den Zugriff auf die anderen Ordner werden Sie in den meisten Fällen keine Berechtigung haben.

Öffnen Sie den Ordner PERSONAL (Abbildung 2.6) und sehen Sie sich die Struktur genauer an.

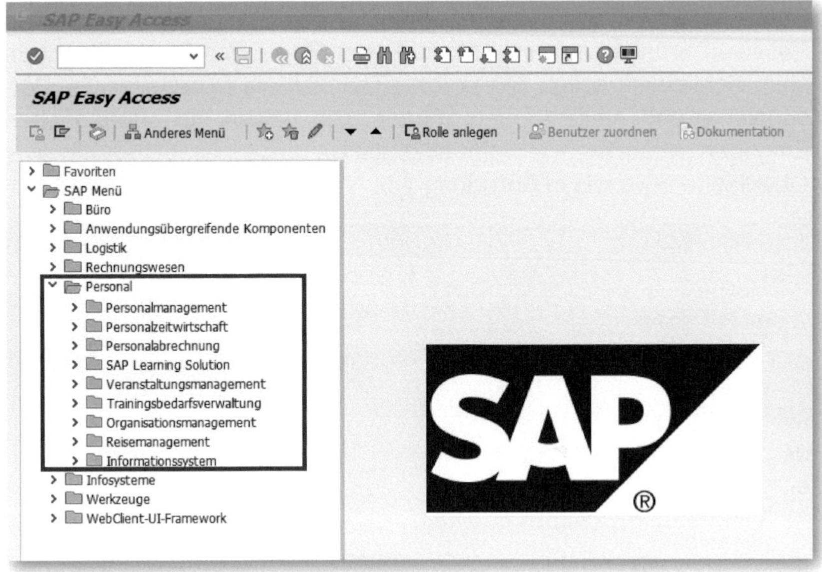

Abbildung 2.6: Ordnerstruktur Personal

Die Struktur verweist auf die verschiedenen Komponenten des SAP-HCM-Systems. Wenn Sie als Personalsachbearbeiter einsteigen, sind die wichtigsten Ordner für Sie:

- Personalmanagement,
- Personalzeitwirtschaft,
- Personalabrechnung und
- Informationssystem.

Für den Einstieg werden wir uns mit dem Ordner PERSONALMANAGEMENT beschäftigen. Wenn Sie diesen öffnen, siehe Abbildung 2.7, wird der Personalbereich noch einmal weiter untergliedert. Wir wollen uns zunächst das administratorische Umfeld genauer ansehen.

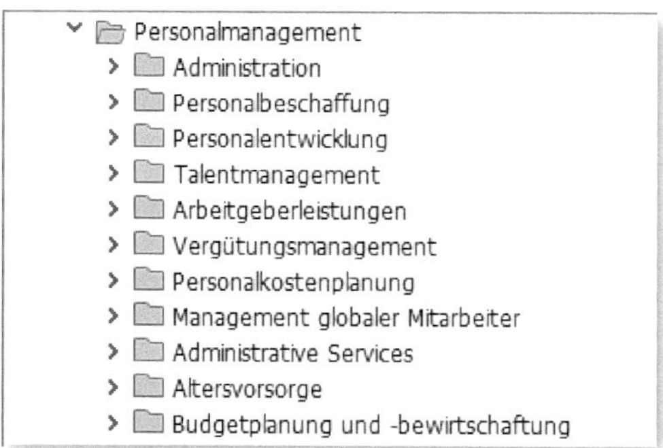

Abbildung 2.7: Ansicht Personalmanagement

Mit Öffnen des Ordners Administration sind wir am Punkt Personalstamm angekommen, siehe Abbildung 2.8, wo die Hauptarbeiten eines Personalsachbearbeiters durchgeführt werden.

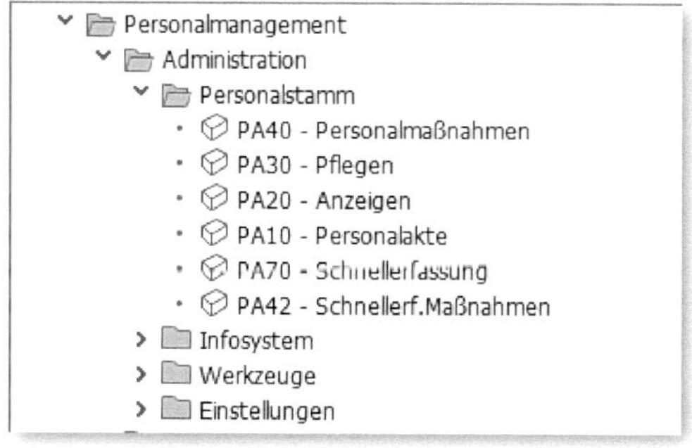

Abbildung 2.8: Personalstammdaten bearbeiten

Berechtigungen in SAP HCM

Berechtigungen sind immer ein viel diskutiertes Thema im SAP-HCM-System. Sie werden auf dem Produktivsystem eine Rolle bekommen, mit der Sie alle Berechtigungen auf Transaktionen und andere Funktionen erhalten, die für Ihre Arbeit notwendig sind. Wenn Sie mehr erfahren oder weitere Funktionen ausprobieren wollen, ist dies nur auf Test- oder Spielmandanten möglich.

In dieser Übersicht fallen Ihnen bestimmt die Bezeichnungen vor dem eigentlichen Text auf, siehe Abbildung 2.9.

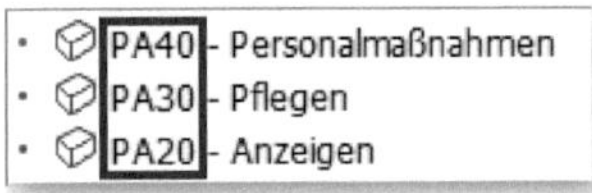

Abbildung 2.9: Transaktionen

Dies sind die technischen Namen der *Transaktionen*, die bei der Arbeit mit SAP zu den wichtigsten Informationen gehören. Sie werden Ihnen mit der Zeit immer geläufiger werden, da auch Ihre Kollegen mit diesen Transaktionen ständig kommunizieren, was sie wo machen oder Sie sich ansehen sollen.

»Geh mal über PA20 in die 10111 und schau im IT 0008 nach den Bezügen für 12/17« ... so können Dialoge unter den Kollegen aussehen. Die »Übersetzung« für diesen Satz lautet:

»Sehen Sie sich bitte mal über die Anzeigefunktion (PA20) bei der Personalnummer 10111 in den Basisbezügen (IT 0008) die Werte für die Abrechnungsperiode Dezember 2017 (12/17) an.«

Sollten Sie die Transaktionen nicht sehen können, schalten Sie sie über ZUSÄTZE • EINSTELLUNGEN ein, siehe Abbildung 2.10.

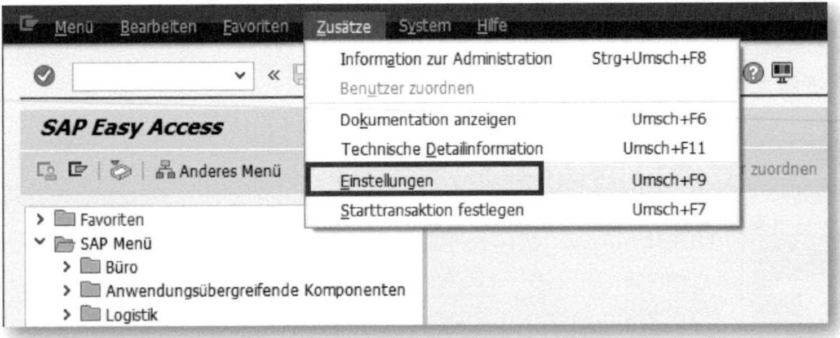

Abbildung 2.10: Einstellungen ändern

Klicken Sie in der oberen Menüleiste auf ZUSÄTZE und dann auf EINSTELLUNGEN. Setzen Sie einen Haken bei TECHNISCHE NAMEN ANZEIGEN, wie in Abbildung 2.11 zu sehen, und schon werden Ihnen zu den verfügbaren Funktionen immer auch die technischen Namen angezeigt.

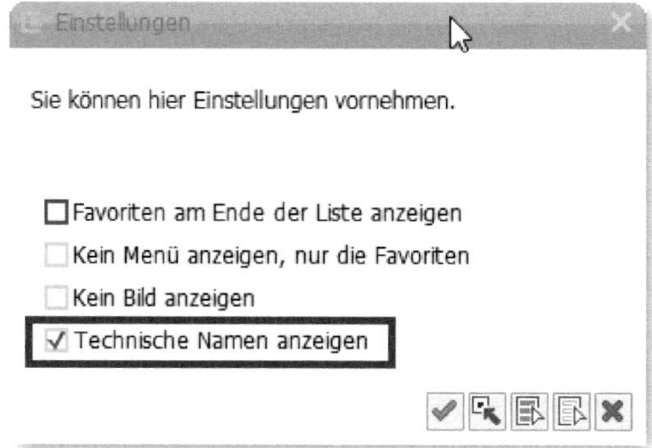

Abbildung 2.11: Technische Namen anzeigen

Transaktionen können Sie einfach im sogenannten *Transaktionsfeld*, das sich oben links in der Übersicht befindet, siehe Abbildung 2.12, eingeben, und Sie gelangen sofort in die gewünschte Funktion.

Abbildung 2.12: Einstieg Transaktionsfeld

Sie können sich diese Transaktionen auch als *Favoriten* im Einstiegsbild – das *SAP Easy Access* genannt wird, siehe Abbildung 2.13 – hinterlegen.

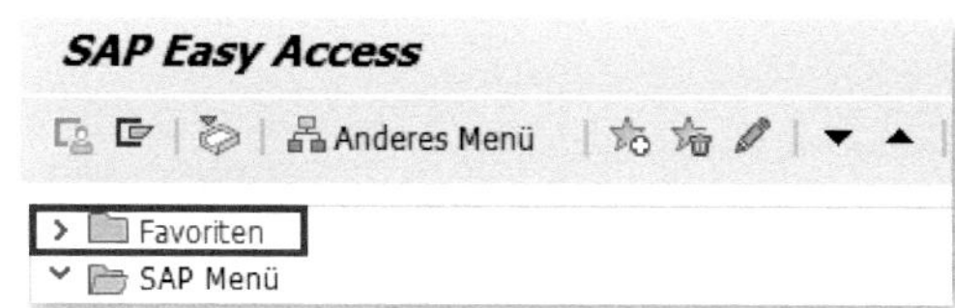

Abbildung 2.13: Favoriten im Einstiegsbild

Klicken Sie mit der rechten Maustaste auf den Ordner FAVORITEN, wählen Sie TRANSAKTION EINFÜGEN (siehe Abbildung 2.14) und geben Sie im dann erscheinenden Feld den technischen Namen der gewünschten Transaktion ein (siehe Abbildung 2.15).

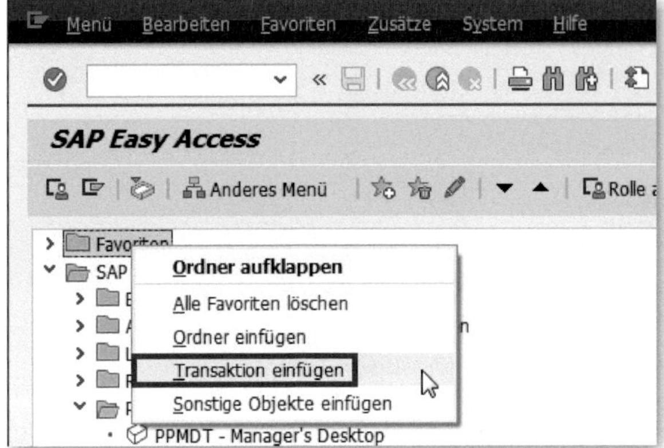

Abbildung 2.14: Transaktion in den Favoriten hinterlegen

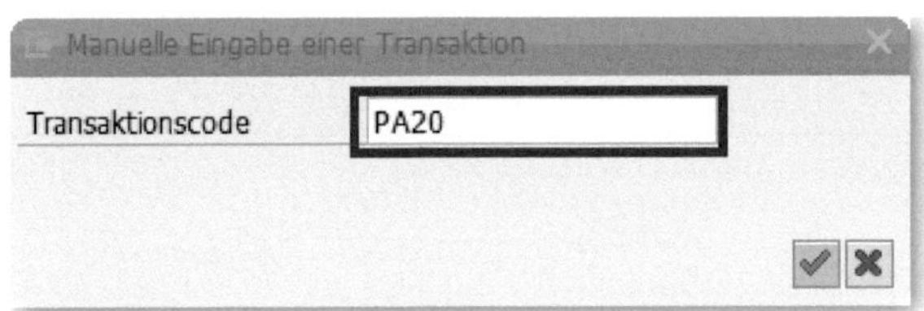

Abbildung 2.15: Eingabe Beispiel-Transaktion

Ist diese Eingabe erfolgreich, haben Sie ab sofort in Ihrem Favoritenordner diese Transaktion immer als Favorit verfügbar, siehe Abbildung 2.16.

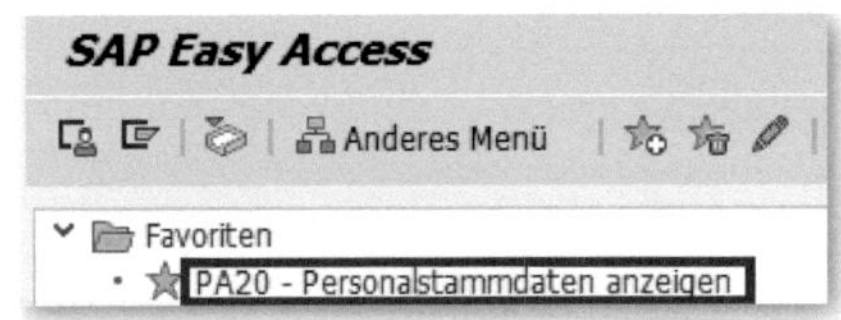

Abbildung 2.16: Beispiel-Transaktion als Favorit

Die Transaktion *PA30* wird die am meisten verwendete Funktion sein, die Sie ausführen werden. Sie führt Sie in den Bereich der Stammdatenpflege. Hier können Sie alle Änderungen, Einträge und Anpassungen vornehmen, um Mitarbeiter korrekt im System zu führen.

3 Mitarbeiter-Stammdatenpflege

Die Stammdatenpflege in SAP HCM erfolgt über die Anlage und Pflege sogenannter *Infotypen*. In diesem Kapitel führe ich Sie durch die am meisten verwendeten Infotypen des SAP-HCM-Systems und erkläre anhand von Beispielen die Besonderheiten einiger dieser Informationsträger sowie deren Auswirkungen auf andere personalwirtschaftliche Prozesse.

Es gibt einige hundert Infotypen, sehr viele davon sind allerdings länderspezifisch und werden daher nicht überall bearbeitet. Ein großer Teil ist aber für alle Länder gleichermaßen vorhanden und wird in der jeweiligen Landessprache mit identischem Inhalt angezeigt. Melden Sie sich auf »Deutsch« an, wird Ihnen der Infotyp auch in deutscher Sprache angezeigt. Eher selten werden Sie als Personalsachbearbeiter auch Mitarbeiter aus anderen Ländern bearbeiten. Sollte dies der Fall sein, müssen Sie sich in der jeweiligen Landessprache anmelden. Wenn Sie zurück zu Abbildung 2.3 gehen, sehen Sie das Feld mit der ANMELDESPRACHE DE. Geben Sie dort EN für Englisch oder FR für Französisch ein, wird Ihnen das System in der entsprechenden Sprache geöffnet.

3.1 Infotypen im SAP HCM

Infotypen (IT) sind Übersichten von logisch zusammengehörenden Datenfeldern zu einem vorgegebenen Thema. Wenn wir den Infotyp *Bankdaten* aufrufen, erwarten wir Datenfelder wie

- Bankleitzahl,
- IBAN,
- Bankinstitut.

Beim Aufruf des Infotyps *Daten zur Person* sind die dort zusammengestellten Felder

- Name,
- Vorname,
- Geburtsdatum,
- Geburtsort,
- Geburtsland.

Zu vielen Infotypen gibt es außerdem sogenannte *Subtypen*, die es Ihnen ermöglichen, Informationen noch detaillierter zu hinterlegen.

Subtyp im Infotyp »Anschriften«

Jeder Mitarbeiter benötigt eine Anschrift, unter der er zumindest postalisch erreichbar sein sollte, damit man ihm seinen Entgeltnachweis oder seine Steuerbescheinigung zusenden kann. Die ständige Wohnanschrift wäre in diesem Fall der Inhalt von SUBTYP 1. Im SUBTYP 4 NOTADRESSE hinterlegt man eine Anschrift, die im Notfall, also vielleicht nach einem Arbeitsunfall, verständigt wird. Es werden im HCM-Standard immer einige Subtypen ausgeliefert. Im Customizing ist es möglich, firmeneigene Subtypen anzulegen.

Wenn Sie die Transaktion *PA30* als Favorit hinterlegt haben (siehe Abbildung 2.16) und sie mittels Doppelklick aufrufen, erhalten Sie eine Übersicht aller verfügbaren Infotypen, die zur weiteren Vereinfachung in verschiedenen Karteireitern untergebracht sind (siehe Abbildung 3.1).

Die Unterteilung in Karteireiter ist übersichtlich. Dazu hilft noch ein Klick auf das Icon rechts daneben. Daraufhin erhalten Sie eine kleine Auswahltabelle, in der die Bezeichnungen aller Karteireiter aufgeführt sind. In den Grunddaten, wie DATEN ZUR PERSON oder BANKVERBINDUNG, sind die Infotypen untergebracht, die zumeist bei der Einstellung eines neuen Mitarbeiters einmalig ausgefüllt und nur dann geändert werden, wenn eine Information vom Mitarbeiter vorliegt, dass sich bei ihm etwas geändert hat. Unter GRUNDDATEN ARBEITSVERHÄLTNIS finden wir die VERTRAGSDATEN ebenso wie BETRIEBSINTERNE DATEN oder ZEITERFASSUNGSINFORMATIONEN. In den Karteireitern können Infotypen auch mehrfach erscheinen. Die Ansicht lässt sich durch die Systemadministratoren anpassen.

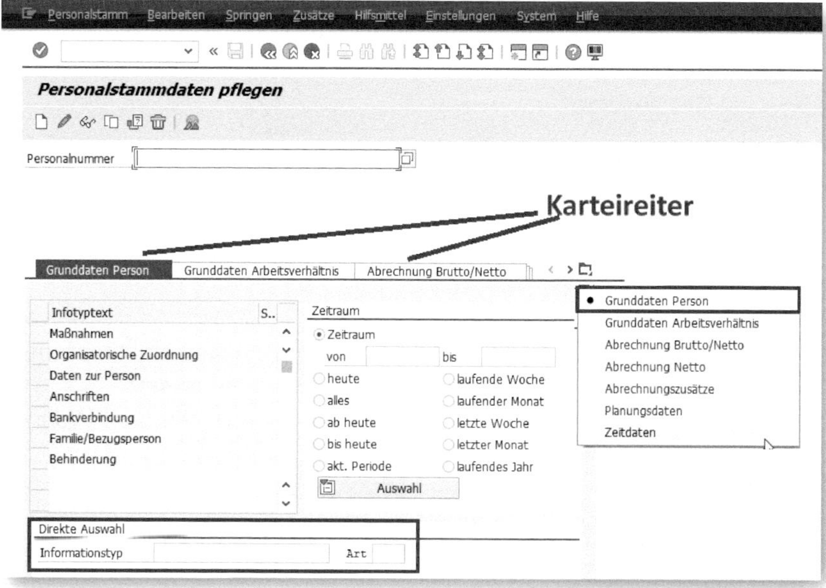

Abbildung 3.1: PA30 – Übersicht

Um nun die Mitarbeiterdaten eines Kollegen bearbeiten zu können, müssen Sie noch dessen PERSONALNUMMER eintragen und auf ENTER drücken.

Objektmanager

Wenn Sie die Personalnummer eines Mitarbeiters nicht wissen, können Sie über den sogenannten *Objektmanager* nach dessen Personalnummer suchen, siehe Abbildung 3.4.

In der neuen Ansicht, siehe Abbildung 3.2, werden Ihnen hinter einzelnen Infotypen grüne Haken angezeigt. Sie zeigen Ihnen an, dass dieser Infotyp mit Daten zum Mitarbeiter angelegt worden ist. Ist kein Haken vorhanden, existiert auch kein Infotypen-Datensatz.

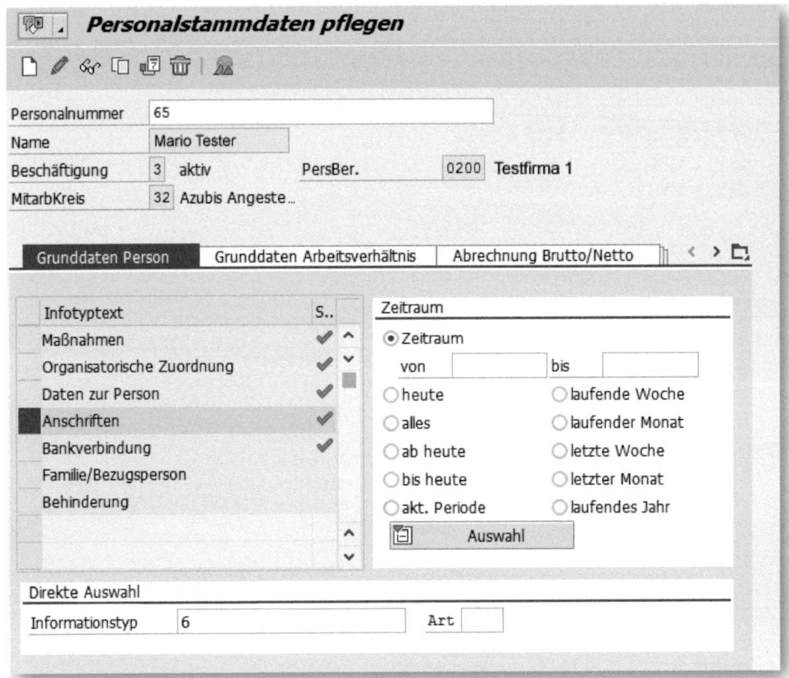

Abbildung 3.2: PA30 – personalisierte Anzeige

Oft ist der Objektmanager ausgeblendet. Diesen können Sie jedoch leicht wieder sichtbar machen (siehe Abbildung 3.3). Gehen Sie einfach in der oberen Menüleiste auf EINSTELLUNGEN und klicken Sie auf OBJEKTMANAGER EINBLENDEN.

Abbildung 3.3: Objektmanager einblenden

Sofort erscheint auf der linken Seite der OBJEKTMANAGER (siehe Abbildung 3.4), der Ihnen verschiedene Möglichkeiten der Suche anbietet.

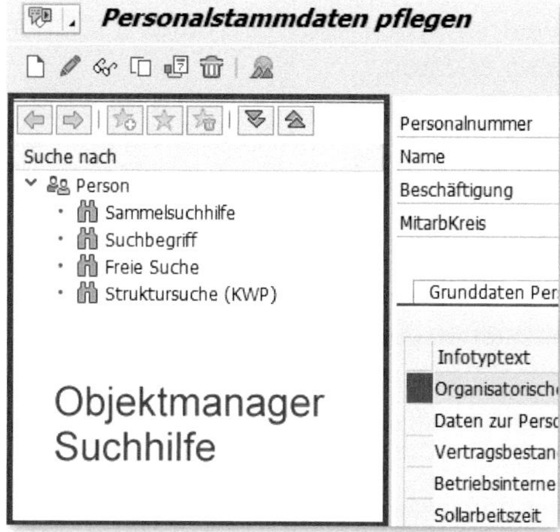

Abbildung 3.4: Objektmanager Suchhilfe

Wenn Sie auf den Punkt SAMMELSUCHHILFE gehen, öffnet sich ein Fenster, in dem Sie nach NACHNAME und/oder VORNAME suchen können (siehe Abbildung 3.5).

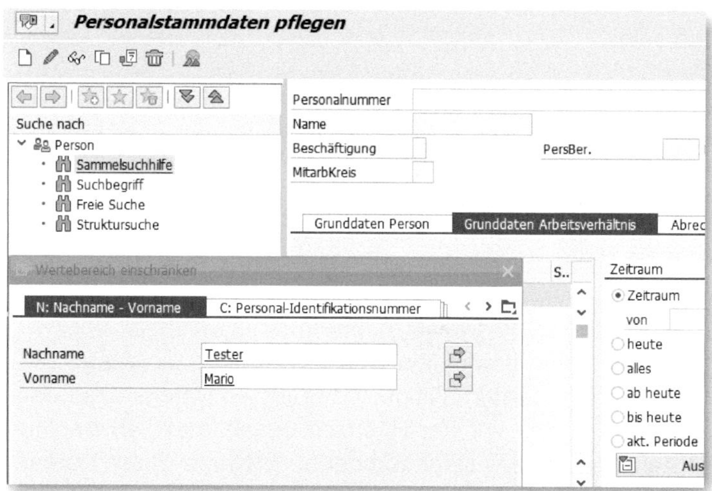

Abbildung 3.5: Suche nach Mitarbeiternamen

Ist der Mitarbeiter gefunden, können Sie mit der Stammdatenpflege beginnen.

Bevor wir nun zu den einzelnen Infotypen kommen, muss ich Ihnen noch den Begriff der *Zeitbindung* erklären.

Die Zeitbindung gewährleistet, dass für einen Mitarbeiter genau die Daten im System vorhanden sind, die es für eine korrekte Verarbeitung der Mitarbeiterdaten und der personalwirtschaftlichen Prozesse wie die Personalabrechnung braucht. Die Zeitbindung verhindert, dass Sie sich gegenseitig widersprechende Daten hinterlegen oder Lücken in der Datenhistorie entstehen. Sie legen darin fest, ob es nur einen einzigen gültigen Datensatz geben darf oder ob mehrere Datensätze nacheinander abgegrenzt bzw. sich überschneidend existieren dürfen. Folgende Standardzeitbindungen sind in SAP HCM möglich:

1 = Datensatz muss genau einmal und immer (ohne Unterbrechungen) vorhanden sein.

2 = Datensatz kann höchstens einmal, muss aber nicht immer vorhanden sein.

3 = Datensätze dürfen sowohl lückenhaft als auch beliebig oft vorhanden sein.

Die Zeitbindung für Infotypen und Subtypen wird in der SAP-Tabelle T777Z eingestellt und kann nur vom SAP-Systembetreuer geändert werden.

Zeitbindung der Infotypen

Nehmen wir den Infotyp DATEN ZUR PERSON. Wenn sich beispielsweise aufgrund einer Hochzeit der Name ändert, wird ein neuer Datensatz angelegt. Bis zum Ende der Gültigkeit des ersten Datensatzes war der Name vor der Hochzeit eingetragen, ab Beginn des nächsten Datensatzes steht dort der neue Name. Diese Datensätze dürfen sich nicht überschneiden, denn man kann schließlich in einem Zeitraum keine unterschiedlichen Namen gleichzeitig führen. Anders sieht es bei der Anschrift aus. Hier können zugleich verschiedene Datensätze für unterschiedliche Adresstypen (z. B. Hauptanschrift, Notadresse, Firmenwohnung) existieren und sich auch überschneiden. Wichtig ist nur, dass der Mitarbeiter der Personalabteilung mitteilt, welche Anschrift zum Beispiel für den Versand des Entgeltnachweises verwendet werden soll.

Sehen wir uns nun die Infotypen genauer an. Sie sind alle mit einer vierstelligen Nummer versehen. Ich stelle sie Ihnen nicht in numerischer Reihenfolge vor, da es Infotypen gibt, die sehr komplex angelegt sind, und auch solche, die zwar als Infotyp in der Übersicht geführt werden, sich aber dann mit einer ganz anderen Funktion präsentieren. Einige Infotypen, die äußerst selten verwendet werden oder nur statistischen Zwecken dienen, werde ich nur sehr kurz behandeln. Bei abrechnungsrelevanten Infotypen stelle ich die administrative Eingabe vor, nicht aber die Auswirkung auf die Zeit- und Gehaltsabrechnung. Dies können Sie in Fachbüchern nachlesen, die sich speziell mit Abrechnungs- und Zeitwirtschaftsthemen befassen.

Weiterführende Literatur zur Personalabrechnung und Zeitwirtschaft

SAP ERP Personalabrechnung und Administration von Stefan Endrejat. (Das Buch erscheint 2018 im Verlag Espresso Tutorials.)

Praxishandbuch SAP-Zeitwirtschaft (HCM-PT) von Udo Walsch, Lars Möller und Jürgen Schmitz. Verlag Espresso Tutorials, 2016.

3.1.1 IT 0002 – Daten zur Person

Sie kommen zu allen nachfolgend vorgestellten Infotypen mit der Transaktion *PA30*. Sie markieren den gewünschten Infotyp oder geben über die DIREKTE AUSWAHL die bekannte ID des Infotyps ein (hier *0002*). Die Anzeige wechselt nach der Eingabe zum Text der Überschrift des Infotyps (siehe Abbildung 3.6). Sie können auch nur den Eintrag *PERSO* oder *DATEN* eingeben, es werden Ihnen dann alle Infotypen vorgeschlagen, die diese Zeichenfolgen in der Bezeichnung haben. Das ist praktisch, wenn man sich die Nummern der Infotypen nicht gemerkt hat.

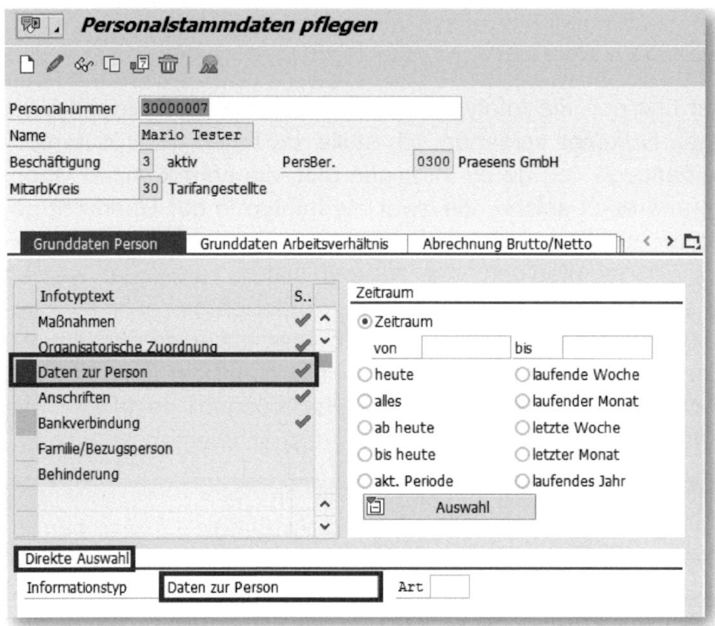

Abbildung 3.6: Infotypauswahl in Transaktion PA30

Jetzt entscheiden Sie, ob Sie sich den Infotyp nur ansehen oder ihn bearbeiten, kopieren bzw. löschen wollen. Dazu dient die kleine Icon-Leiste, die Sie unter dem Übersichtstext finden (siehe Abbildung 3.7).

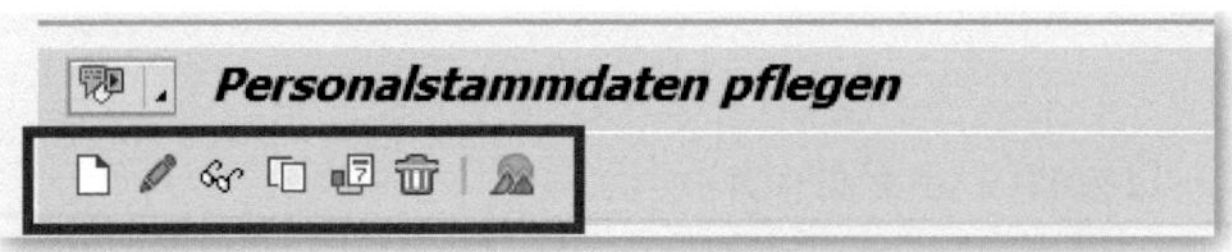

Abbildung 3.7: Icon-Leiste Bearbeitungsauswahl

Die dort vorhandenen Icons haben die folgenden Funktionen:

- Anlage eines neuen Datensatzes,
- Ansehen des Datensatzes,
- Bearbeiten eines Datensatzes,
- Kopieren eines Datensatzes,
- Löschen eines Datensatzes,
- Auswahl der Datensatzübersicht.

Diese Icons sind gut verständlich, und die Auswahl wird Ihnen sicher leichtfallen. Die DATENSATZÜBERSICHT führt Sie in eine zusätzlich Auflistung aller vorhandenen Datensätze zu einem Infotyp (siehe Abbildung 3.8).

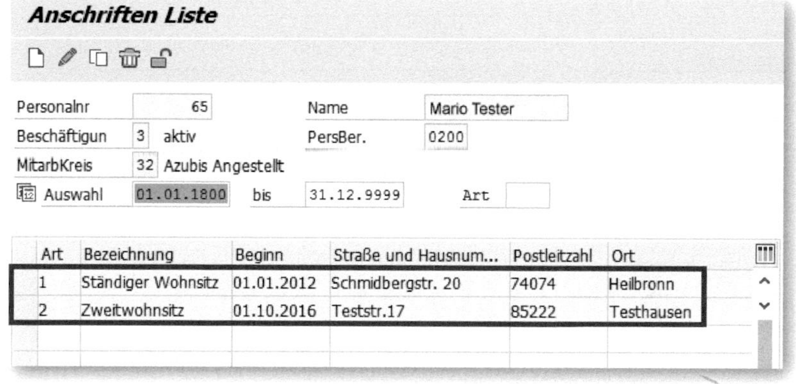

Abbildung 3.8: Übersicht Datensätze im Infotyp

Sie klicken den Datensatz, den Sie ansehen oder bearbeiten wollen, einfach an und wählen dann mit dem Icon den Absprung in den Bearbeitungsmodus aus.

Im Bearbeitungsmodus, siehe Abbildung 3.9, werden Ihnen die Felder, die zur Bearbeitung verfügbar sind, in Weiß angezeigt. Felder, die grau hinterlegt sind, können nicht bearbeitet werden. Sie enthalten vorgegebene Werte, die im Customizing fest eingestellt wurden und Ihnen nur zur Information dienen. So ist beispielsweise der Kopfbereich des Infotyps meist rein informativ aufgebaut und enthält z. B. Angaben zum Beschäftigungsstatus sowie zur Zugehörigkeit des Mitarbeiters zu einem Mitarbeiterkreis und Personalbereich.

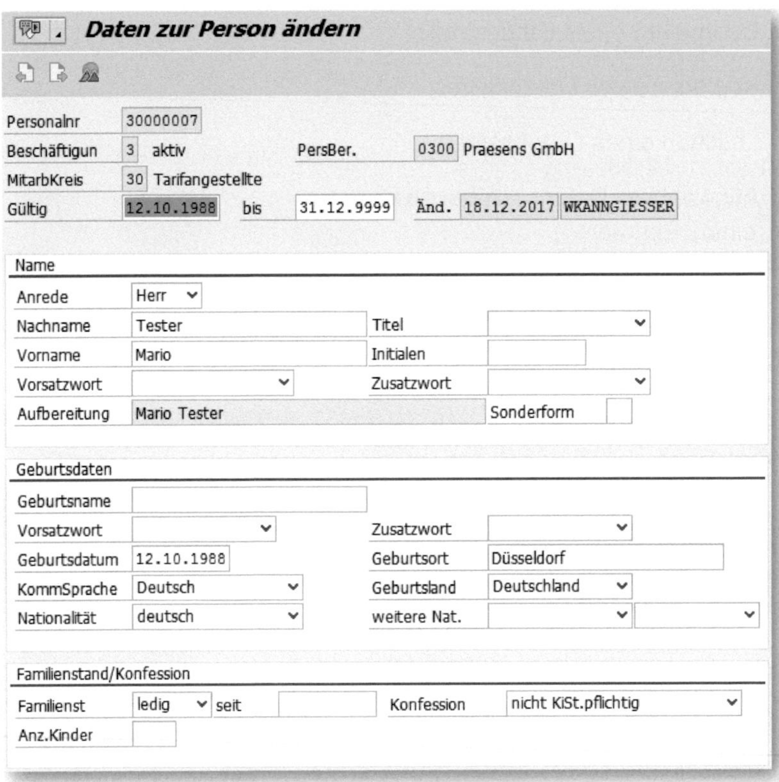

Abbildung 3.9: IT 0002 – Bearbeitungsmodus

Der Infotyp 0002 muss immer angelegt werden, wenn ein Mitarbeiter eingestellt wird. Er wird im Standard nie mit seinem Eintrittsdatum, sondern mit seinem Geburtstag angelegt. SAP geht davon aus, dass alle Daten, die hier hinterlegt sind, von Geburt an gültig sind.

In diesem Infotyp werden alle Daten hinterlegt, die Auskunft über Namen, Titel, Geburtstag und -ort, Konfession sowie Nationalität geben. Der Familienstand ist ebenso einzutragen wie erste Angaben zur Steuerpflicht und die Anzahl der Kinder. Wenn Sie sich die Oberfläche genauer ansehen, werden Sie am rechten Rand einiger Datenfelder das Zeichen ⌄ finden. Immer, wenn ein solches Zeichen an einem Datenfeld vorhanden ist, bedeutet es, dass eine sogenannte *F4-Hilfe* existiert. Aktuell bezeichnet man das als *Drop-down-Liste*.

F4-Hilfe heißt es, weil sich mit Drücken der Funktionstaste F4 auf Ihrer Tastatur eine im System hinterlegte Auswahlliste öffnet, aus der Sie einen Eintrag wählen können. In diesem Fall können Sie aber auch einfach nur auf das Zeichen ⌄ klicken, und schon wird die Auswahlliste geöffnet (siehe Abbildung 3.10).

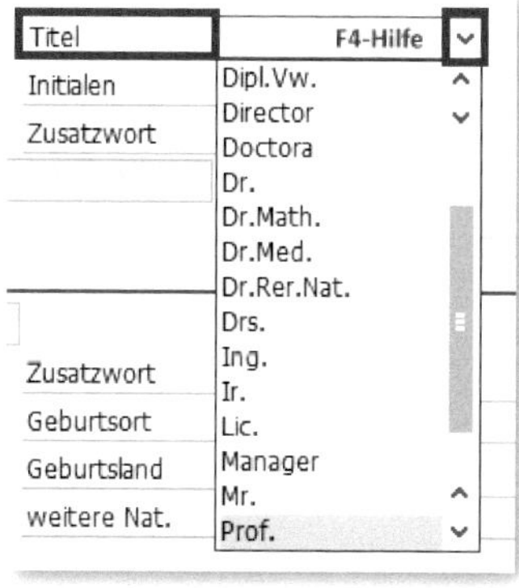

Abbildung 3.10: Auswahlliste IT 0002 Datenfeld TITEL

Das Beispiel mit dem Datenfeld TITEL zeigt Ihnen, dass für mögliche Titel schon sehr viele Einträge vorhanden sind. Haben Sie einen Mitarbeiter, dessen Titel hier nicht aufgeführt wird, muss Ihnen der Systemadministrator dafür einen neuen Eintrag im Customizing erstellen. Das gilt gleichermaßen für die Tabelle zum Feld ZUSATZWORT, siehe Abbildung 3.11.

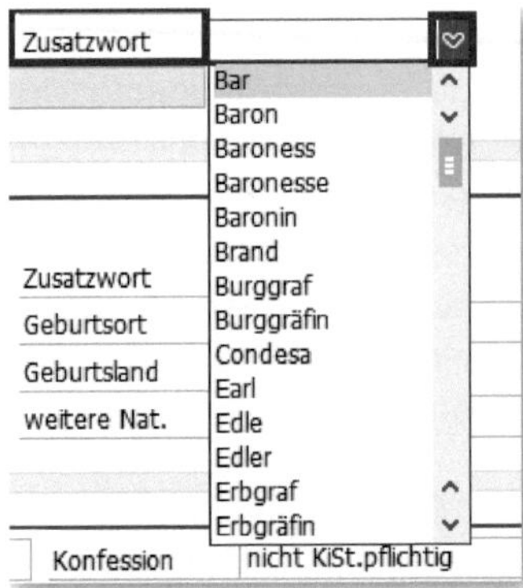

Abbildung 3.11: Auswahlliste IT 0002 »Zusatzwort«

Hier kann der SAP-Systembetreuer im Customizing ein Zusatzwort ergänzen, wenn der Eintrag im Standard nicht vorhanden ist. Um für Bescheinigungen die richtige Anrede aus Titel, Vorsatz- und Zusatzwort sicherzustellen, benutzt das SAP-HCM-System oft das Feld AUFBEREITUNG, siehe Abbildung 3.12.

Abbildung 3.12: IT 0002 – Datenfeld »Aufbereitung«

Im Feld SONDERFORM ist im Standard eine Reihenfolge hinterlegt, mittels derer aus den verschiedenen Datenfeldern die korrekte Abfolge erzeugt wird, siehe Abbildung 3.13.

Abbildung 3.13: IT 0002 – Aufbereitetes Anredefeld

Es wird immer einen Mitarbeiter geben, der spezielle Titel und exotische Zusatzworte in seiner Anrede sehen will. Auch hier kann der Systemadministrator helfen und speziell für diesen Mitarbeiter im Customizing eine Sonderform der Zusammensetzung anlegen.

Wenn Sie die Bearbeitung oder Ansicht eines Infotyps beenden wollen, gibt es in der oberen Bearbeitungsleiste hilfreiche Funktionen, siehe Abbildung 3.14.

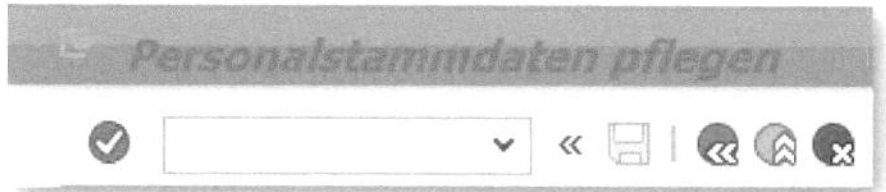

Abbildung 3.14: Funktionen Bearbeitungsleiste

- Ein Klick auf ✓ wirkt sich wie das Drücken der [Enter]-Taste aus.
- Klicken Sie auf ⓐ, gehen Sie einen *Schritt zurück* (alternativ können Sie die Taste [F3] wählen).
- ⓐ bedeutet *Beenden,* und mit
- ⓧ können Sie *Abbrechen.*

Der Unterschied zwischen »Abbrechen« und »Beenden« liegt in der Sicherung der Eingaben. Wenn Sie eine Bearbeitung beenden, wird das System verlangen, dass Sie Ihre Eingaben sichern. Brechen Sie die Bearbeitung ab, weil Sie festgestellt haben, dass Sie Eingaben an einer falschen Personalnummer vornehmen, können Sie ohne Sichern die Eingabeoberfläche verlassen.

3.1.2 IT 0003 – Abrechnungsstatus

Der *Infotyp 0003 – Abrechnungsstatus* ist ein selten verwendeter Infotyp. Darin werden einmalig die für alle Mitarbeiter gültigen Abrechnungsparameter festgelegt (siehe Abbildung 3.15).

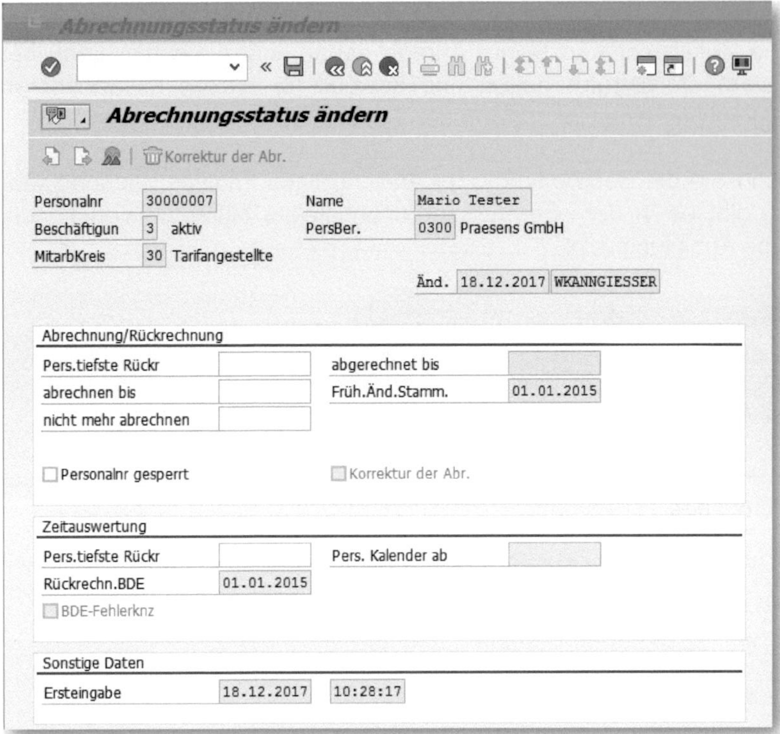

Abbildung 3.15: IT 0003 – Abrechnungsstatus

Für den Fall, dass es bei einem Mitarbeiter Sonderregelungen oder Ausnahmen gibt, können Sie dessen Daten aufrufen und diese Regelungen hier eintragen. Am häufigsten wird der Infotyp eingesetzt, um einen Mitarbeiter aus der Abrechnung herauszunehmen. Dies kann etwa bei Mitarbeitern passieren, die bei ihrer Einstellung nicht alle abrechnungsrelevanten Daten an die Personalabteilung geliefert haben und deswegen nicht abgerechnet werden können. Die Bearbeitung dieses Infotyps ist den erfahrenen Abrechnungsspezialisten vorbehalten.

3.1.3 IT 0004 – Behinderung

Dies ist ein wichtiger Infotyp, den Sie bearbeiten müssen, um bei einer vorliegenden Behinderung eines Ihrer Mitarbeiter die notwendigen Daten hinterlegen zu können. In diesem Infotyp, siehe Abbildung 3.16, steckt auch die Information über die Art der Einschränkung, also ob eingeschränkte oder nur sitzende Tätigkeiten ausgeführt werden können.

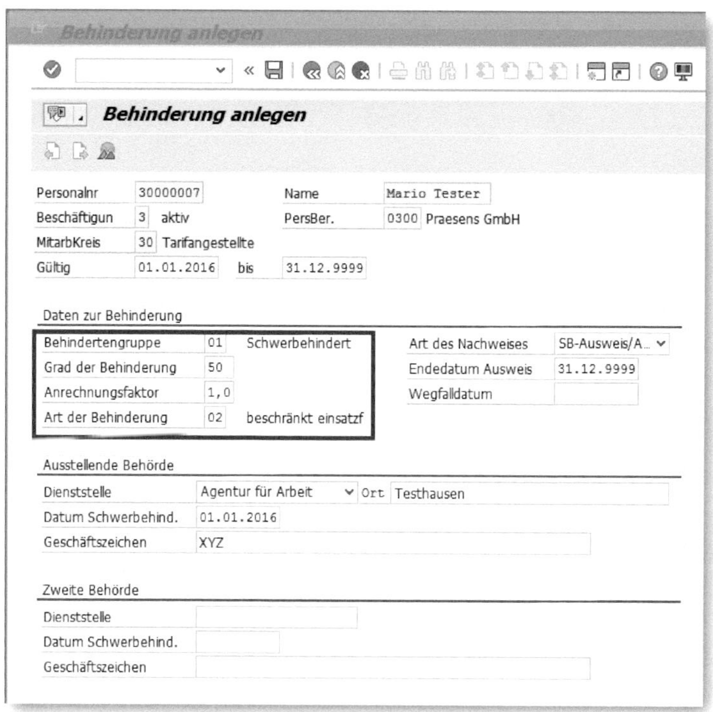

Abbildung 3.16: Infotyp 0004 – Behinderung

Die Eingabemöglichkeiten sind auch hier in Auswahllisten vorgegeben und entsprechen im SAP-Standard den gesetzlichen Bestimmungen. Das Zeichen für die Auswahlliste bzw. F4-Hilfe haben Sie schon kennengelernt. In Abbildung 3.17 sehen Sie noch ein zusätzliches Zeichen in den Datenfeldern.

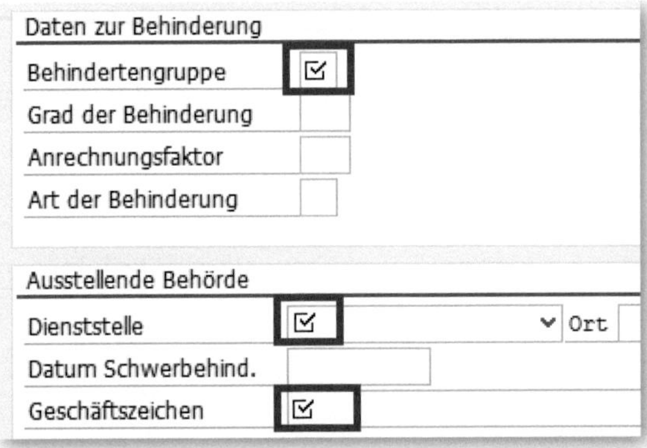

Abbildung 3.17: Mussfelder im IT 0004

Es zeigt an, dass das System an dieser Stelle zwingend eine Eingabe bzw. einen Wert verlangt. Fehlt auch nur ein Wert in einem Datenfeld mit diesem Zeichen, führt dies zur Meldung Füllen Sie alle Mußfelder aus, und Sie können den Infotypen nicht abspeichern.

In diesem Infotyp sind zudem Daten hinterlegt, die Ihr Unternehmen verwendet, um die Anzahl der belegten Pflichtplätze nach § 8 und § 9 des SchwbG zu melden. Hier verlangt der Gesetzgeber nachvollziehbare Informationen für Prüfungen bei Unstimmigkeiten.

3.1.4 IT 0005 – Urlaubsanspruch

Dieser in Abbildung 3.18 gezeigte Infotyp wird nur noch ganz selten geführt. Er wurde vom *Infotyp 2006 – Abwesenheitskontingente*, siehe Abschnitt 3.1.44, abgelöst. Das lag wohl daran, dass die Bearbeitung von Abwesenheiten der Mitarbeiter immer vielschichtiger wurde. Zu »Urlaub« und »Schwerbehindertenurlaub« kamen mit der Zeit immer mehr Abwesenheitsarten wie »Bildungsurlaub« und »Sabbatical« hinzu. Auch musste der Abtragungszeitraum immer häufiger berücksichtigt werden. Daher, so meine Meinung, hat SAP den völlig neuen Infotyp 2006 eingeführt, der diese Anforderungen abbilden kann.

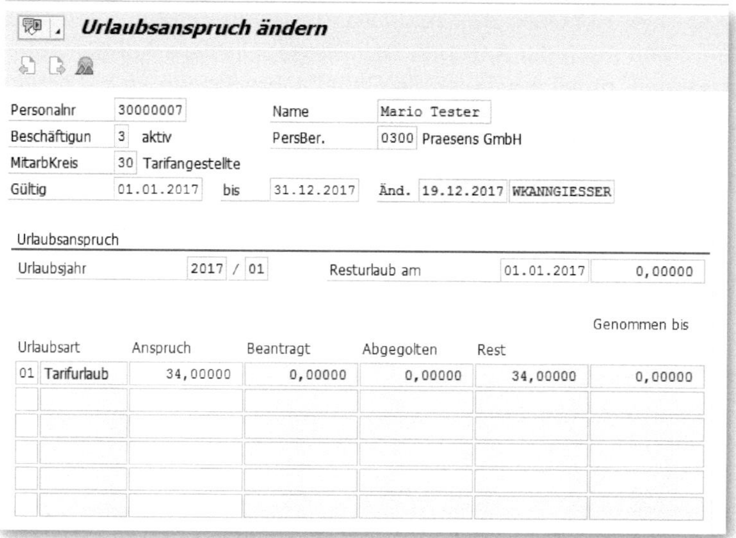

Abbildung 3.18: Infotyp 0005 – Urlaubsanspruch

Die Funktion dieses Infotyps ist einfach und schlüssig. Am Anfang des Jahres wird vom Systemadministrator für jeden Mitarbeiter der ANSPRUCH in den Infotyp eingespielt. Nimmt der Mitarbeiter einige Tage Urlaub, wird diese Zeit als Abwesenheit im System hinterlegt. Das System errechnet dann aus der kalendarischen Zeit die Anzahl der anrechenbaren Urlaubstage und schreibt diesen Wert in das Feld ABGEGOLTEN. Aus der Differenz zwischen ANSPRUCH und ABGEGOLTEN ergibt sich der REST. Die Abwesenheit wird im Infotyp 2001 gepflegt, siehe Abschnitt 3.1.43.

3.1.5 IT 0006 – Anschriften

Dieser Infotyp beinhaltet die Anschriften des Mitarbeiters, die zum einen für den allgemeinen Schriftverkehr, wie Entgeltnachweise oder Bescheinigungen, zum anderen aber auch für die Anlage von Anschriften und Adressdaten dient, die aufgrund eines besonderen Ereignisses verwendet werden sollen. Das können Notadressen für den Fall eines Unfalls sein oder temporäre Adressen, wie ein langer Aufenthalt in einer Kurklinik. Bei Rentnern, die einen Firmenrentenbezug erhalten, kann auch die Anschrift des Pflegeheims als Adresstyp hinterlegt werden, damit auch hier die Gehaltsabrechnung an die richtige Anschrift gesendet werden kann.

Der *Ständige Wohnsitz* ist in der Regel die Hauptanschrift und wird für den üblichen Schriftverkehr verwendet. Im Abschnitt SONSTIGE DATEN (siehe Abbildung 3.19) werden die ENTFERNUNGSKILOMETER zwischen Wohn- und Arbeitsort hinterlegt und können z. B. bei der Nutzung eines Dienstwagens für die Berechnung des *Geldwerten Vorteils* in der Gehaltsabrechnung berücksichtigt werden.

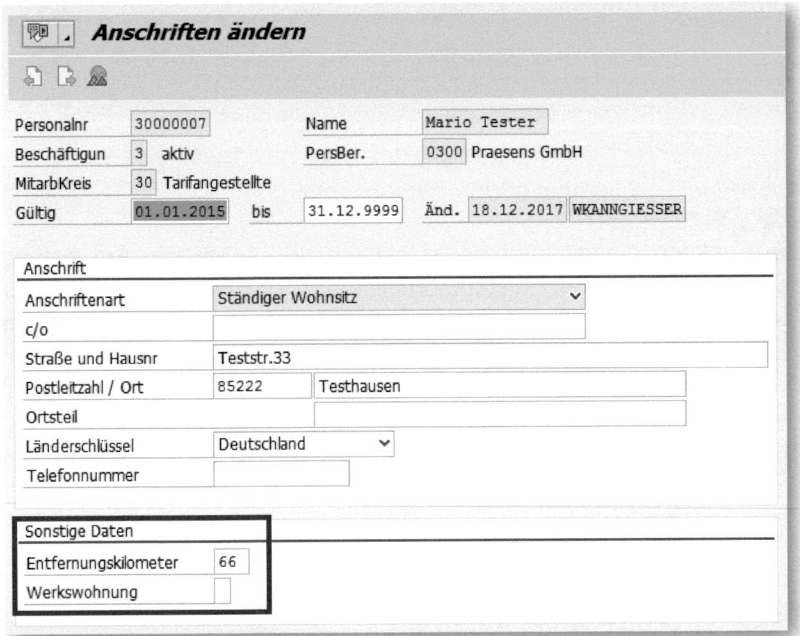

Abbildung 3.19: Infotyp 0006 – Anschriften

Das Datenfeld WERKSWOHNUNG wird selten benötigt, dient aber in großen Betrieben, die noch Werkswohnungen an Mitarbeiter vermieten, als Berechnungsauslöser für abrechnungsrelevante Abzüge. Wie in Abschnitt 3.1 schon beschrieben, werden im Infotyp 0006 sogenannte Subtypen, siehe Abbildung 3.20, verwendet. Die Nutzung ist firmenspezifisch und entsprechend anpassbar.

Anschrift	
Anschriftenart	Ständiger Wohnsitz
c/o	Ständiger Wohnsitz
Straße und Hausnr	Zweitwohnsitz Notadresse
Postleitzahl / Ort	Pflegeadresse

Abbildung 3.20: Subtypen im Infotyp 0006

In dem einen Unternehmen versteht man unter dem Subtyp *Notadresse* den Kontakt, der nach einem Arbeitsunfall angerufen und informiert werden soll. In anderen Unternehmen gibt es diesen Subtyp gar nicht. Dafür sind bei entsendeten Mitarbeitern, die im Ausland arbeiten, die Subtypen *Heimatadresse* und *Hauptwohnsitz* eingerichtet. Erkundigen Sie sich, welchen Zweck welche Subtypen bei Ihnen erfüllen sollen.

Adresseingabe und DEÜV

Wird eine Adresse im Subtyp *Ständiger Wohnsitz* eingegeben oder geändert, löst dies eine *DEÜV-Meldung* aus (DEÜV = Datenerhebungs- und Übertragungsverordnung). Achten Sie auf die korrekte Schreibweise und machen Sie keine unnötigen Leerzeichen, z. B. zwischen Straße und Hausnummer. Dies kann zu Fehlermeldungen seitens der Erfassungsstelle führen, und Sie müssen die Meldung meist manuell korrigiert erneut einreichen.

3.1.6 IT 0007 – Sollarbeitszeit

Die Informationen in diesem Infotyp, siehe Abbildung 3.21, geben Auskunft über die vereinbarten Arbeitszeitenregelungen, die im Arbeitsvertrag festgelegt wurden.

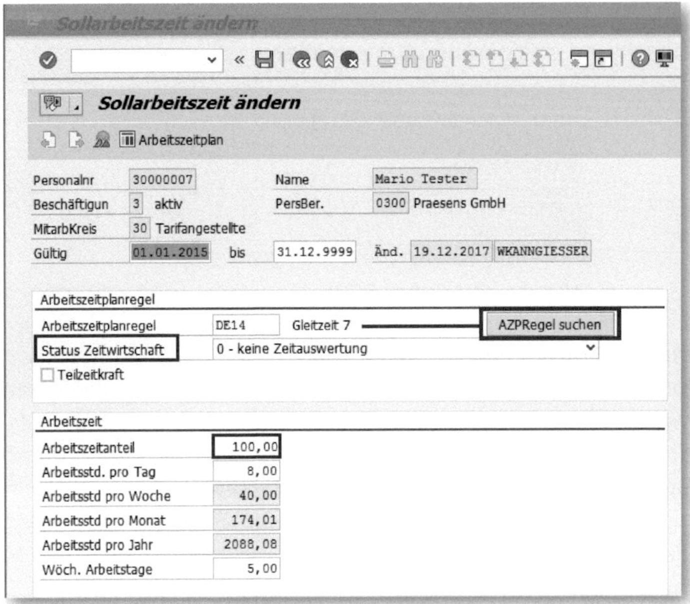

Abbildung 3.21: Infotyp 0007 – Sollarbeitszeit

Im System sind bei der Einführung der Komponente »SAP Zeitwirtschaft« sogenannte *Arbeitszeitpläne* hinterlegt worden. Grundsätzlich können zwei Arten der Zeitwirtschaft eingerichtet werden:

- Positive Zeitwirtschaft,
- Negative Zeitwirtschaft.

Bei der *Negativen Zeitwirtschaft* werden keine Kommen- und Gehenzeiten, sondern nur Abwesenheiten wie Urlaub, Krankheit oder Bildungsurlaub erfasst. In gewerblichen Betrieben sieht es meist anders aus, da hier Arbeitszeit, Kommen- und Gehenzeit, Zuschläge und Pausen durch Tarifverträge geregelt sind und ein Erfassen der Kommen- und Gehenzeiten unbedingt durchgeführt werden muss. Hier sprechen wir von der *Positiven Zeitwirtschaft*. Die Zeiten werden meist über Karten- oder Chiplesegeräte erfasst. Früher war es die Stempeluhr, die auf einer Arbeitskarte alle Zeiten aufgestempelt hat.

Für den Sachbearbeiter Zeitwirtschaft ist es wichtig zu wissen, wie sich der abrechnungsrelevante Wert aus Kommen- und Gehenzeiten errechnet. Einige externe Zeitwirtschaftssysteme liefern bereits den Wert, der sich aus einem *Zeitpaar* (Kommen-Uhrzeit und Gehen-Uhrzeit) ergibt. Diese Systeme berechnen eventuelle Zuschläge aufgrund von Nachtarbeit oder Wochenend- und Feiertagsdiensten und übermitteln die Lohnart sowie den dazugehörenden Wert über eine Schnittstelle an SAP HCM. Aus diesen Werten wird dann nach der monatlichen Zeitwirtschaftsabrechnung die Gehaltsabrechnung erstellt. Es gibt auch die Konstellation, in der die Zeitlesegeräte ausschließlich die Zeitpaare über eine Schnittstelle an das SAP-HCM-System liefern. In diesem Fall wird der Wert über die SAP-Zeitwirtschaft berechnet und fließt in die Gehaltsabrechnung ein.

Für jeden Mitarbeiter wird im Infotyp 0007 festgelegt, nach welchem ARBEITSZEITPLAN und nach welchem STATUS, siehe Abbildung 3.22, er in der Zeitwirtschaft behandelt wird. Der Begriff *BDE* im Status *2 – Zeitauswertung BDE* bedeutet *Betriebsdatenerfassung* und bezieht sich auf die Auswertung der Zeiten über ein Lesegerät.

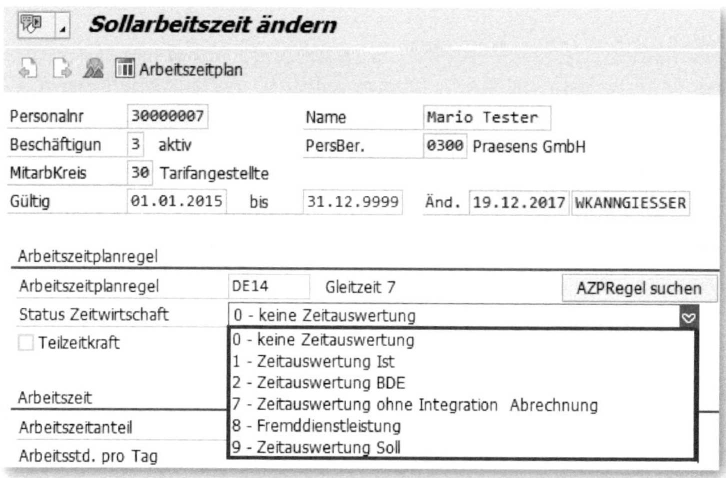

Abbildung 3.22: Status Zeitwirtschaft

Die hier gezeigten Auswahlmöglichkeiten können von denen abweichen, die Sie in Ihrem System angezeigt bekommen. In den meisten

Projekten, in denen die Zeitwirtschaft eingeführt wurde, sind firmenspezifische Ausprägungen gebildet worden, um den Anforderungen aus Tarifverträgen oder Betriebsvereinbarungen besser nachkommen zu können.

Das Datenfeld ARBEITSZEITANTEIL zeigt den prozentualen Anteil an Stunden des jeweils zugeordneten Arbeitszeitplans.

Arbeitszeitanteil

Beträgt der Arbeitszeitanteil 100 %, so arbeitet der Mitarbeiter genau nach seiner Arbeitszeitplanregel, z. B. acht Stunden pro Tag. Wird der Arbeitszeitanteil auf 50 % gesetzt, so werden im *Infotyp 0007 – Sollarbeitszeit* die Arbeitsstunden um die Hälfte, hier also auf vier Stunden pro Tag, reduziert.

3.1.7 IT 0008 – Basisbezüge

In den Basisbezügen werden die abrechnungsrelevanten Grundbezüge des Mitarbeiters gepflegt. Dieser Infotyp, siehe Abbildung 3.23, beinhaltet die Lohnarten, die vertraglich vereinbart sind und monatlich abgerechnet werden. Zu den Informationen gehören zusätzlich noch Angaben über die Art des Vertrages, welcher Tarif angewendet wird, zum Beschäftigungsgrad und eine Funktion, die die Möglichkeit bietet, die Abrechnung zu simulieren.

Sehen wir uns einmal die ZAHLUNGSART in diesem Infotyp an. Der Punkt ❶ in der Übersicht zeigt an, dass es sich hier um einen *Basisvertrag* handelt. Sie vermuten richtig: Dies ist die Bezeichnung eines Subtyps im Infotyp 0008. Weitere Subtypen sind in der Auswahlliste, siehe Abbildung 3.25, zu sehen. In die Auswahl kommen Sie, indem Sie in das Feld ZAHLUNGSART klicken. Es erscheint daraufhin ein kleines Icon, siehe Abbildung 3.24, über das sich die Auswahlliste öffnen lässt.

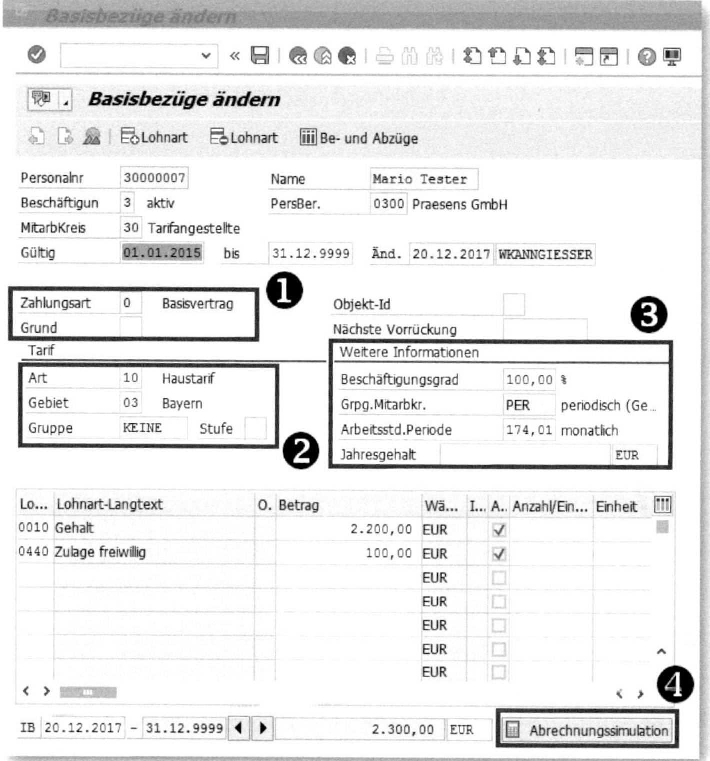

Abbildung 3.23: Infotyp 0008 – Basisbezüge

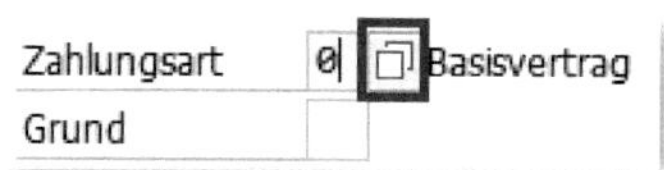

Abbildung 3.24: Auswahlliste über Icon auswählen

Infotyp: 0008

STyp	Bezeichnung
0	Basisvertrag
1	Basisvertrag Erhöhen
2	Vergleichbarer Inlandsbezug
3	Kostenerstattung in Fremdwährung
4	Örtlicher Zusatzvertrag

Abbildung 3.25: Subtypen zur Zahlungsart

Eine weitere Auswahlliste steht im Datenfeld GRUND zur Verfügung (siehe Abbildung 3.26).

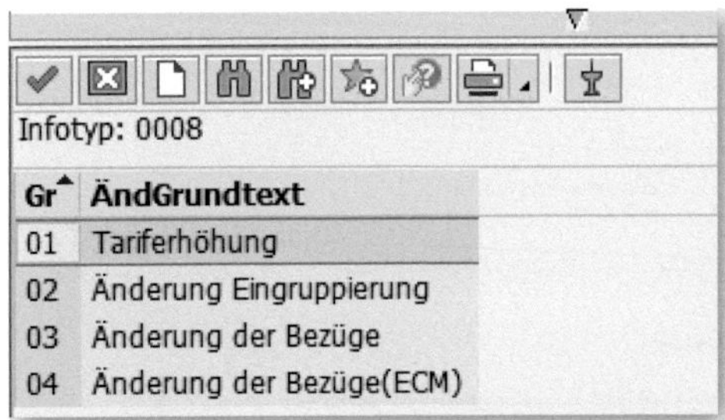

Abbildung 3.26: Datenfeld »Grund«

Die Unternehmen nutzen dieses Datenfeld zur Auswertung und hinterlegen hier, aus welchem Anlass eine Gehaltsänderung vorgenommen wurde. Im Grund *04 Änderung der Bezüge (ECM)* steckt der Begriff *ECM* für *Equity Capital Management*. Dies ist eine öffentliche Empfehlungsübersicht für Gehälter in verschiedenen Berufsgruppen.

In Punkt ❷ sehen Sie die Datenfelder für die Eingabe von Tarifinformationen. Die ART, GRUPPE und STUFE des Tarifs werden zusammen mit Informationen über das TARIFGEBIET eingetragen. In der Ansicht in Abbildung 3.23 wurde für den Mitarbeiter ein *Haustarif* eingetragen. Das Tarifgebiet ist Bayern, und da im Datenfeld GRUPPE der Wert *Keine* und im Datenfeld STUFE nichts eingetragen wurde, können Sie davon ausgehen, dass es sich bei diesem »Haustarif« um eine firmenspezifische Ausprägung handelt und das Gehalt frei wählbar ist. Ganz anders verhält sich der Infotyp 0008 an dieser Stelle, wenn ein offizieller Tarif wie zum Beispiel *ERA* angewendet wird.

Entgelt-Rahmenabkommen (ERA)

ERA ist ein Abkommen zwischen der Gewerkschaft IG Metall und dem Arbeitgeberverband Gesamtmetall. In diesem Abkommen werden die monatlichen Bezüge für Angestellte und Arbeiter nach Gruppen und Stufen festgelegt. Sie sind von Bundesland zu Bundesland unterschiedlich.

Wird ein Mitarbeiter nach Tarif bezahlt und sind die Gehaltsgruppen und -stufen festgelegt, kann im Infotyp 0008 nach Auswahl der Tarifinformationen das Gehalt in der Regel nicht manuell eingegeben werden. Es wird automatisch aus einer Systemtabelle gelesen und im Datenfeld zum Gehalt mit Gehaltstext und Betrag ergänzt.

In ❸ sind weitere Informationen einzutragen. In das Datenfeld BESCHÄFTIGUNGSGRAD wird meist *100 %* eingetragen. Diese Zahl gibt an, wie viel Prozent der tariflichen Arbeitszeit ein Mitarbeiter arbeitet. Dies kann mit den Angaben im *Infotyp 0007 – Sollarbeitszeit*, vgl. Abbildung 3.21, kollidieren, sofern dort der Arbeitszeitanteil geändert wurde. Daher erscheint bei Änderung im Datenfeld ARBEITSZEITANTEIL immer die folgende Warnmeldung unten rechts im Bildschirm:

Achtung: Bitte überprüfen Sie den Infotyp Basisbezüge (0008)

Durch Doppelklick auf diese Warnung können Sie den Grund für den Hinweis nachlesen (siehe Abbildung 3.27).

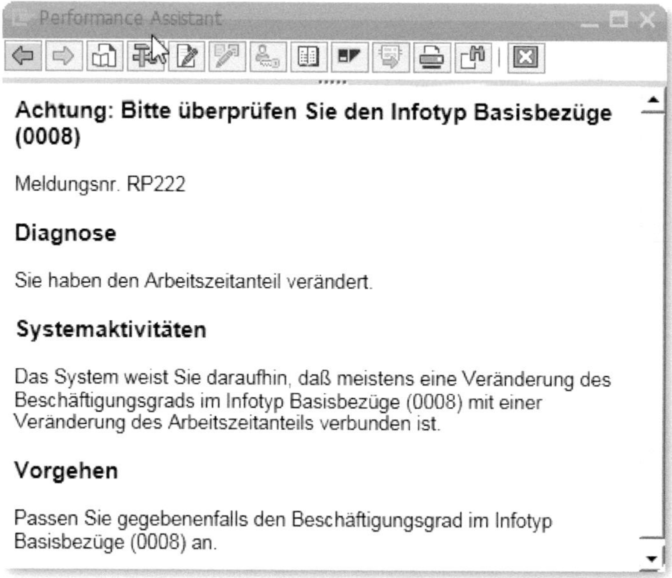

Abbildung 3.27: Warnmeldung IT 0007 – Gesamttext

Zusammenspiel IT 0007 und IT 0008

Erfragen Sie bei Ihren Kollegen, wie mit den Parametern für den Beschäftigungsgrad und den Arbeitszeitanteil umgegangen wird. In vielen Unternehmen wird ausschließlich mit 100 % in beiden Datenfeldern gearbeitet. Will der Mitarbeiter nur noch die Hälfte seiner bisherigen Arbeitszeit verrichten, erhält er einen neuen Arbeitszeitplan, dessen Sollarbeitszeit auf z. B. 20 Stunden pro Woche angelegt ist. Arbeitet der Mitarbeiter diese 20 Stunden, hat er seinen Arbeitszeitanteil und seinen Beschäftigungsgrad wieder zu 100 % erfüllt.

In ❹ steht Ihnen die Funktion der ABRECHNUNGSSIMULATION zur Verfügung. Sie können also nach Eingabe eines Monatsbezuges eine Abrechnung simulieren. Wenn Sie auf dieses Feld klicken, werden Sie nach einem STICHTAG gefragt, siehe Abbildung 3.28.

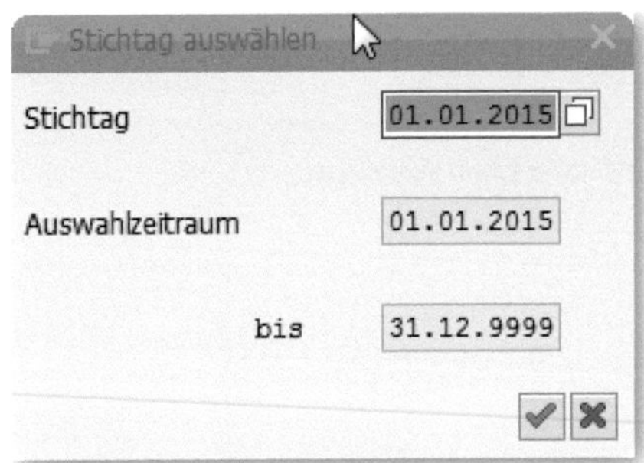

Abbildung 3.28: Stichtagauswahl bei Abrechnungssimulation

Wählen Sie den Stichtag, ab dem alle Daten für die Abrechnung berücksichtigt werden sollen, und klicken Sie auf ✅. Es erscheint nach kurzer Zeit eine Abfrage des Systems, in der Sie den Drucker eingeben, den Sie zur Ausgabe der Simulationsergebnisse verwenden wollen, und entscheiden, ob Sie das Dokument zunächst in der Druckansicht aufrufen oder direkt als Dokument ausdrucken wollen, siehe Abbildung 3.29.

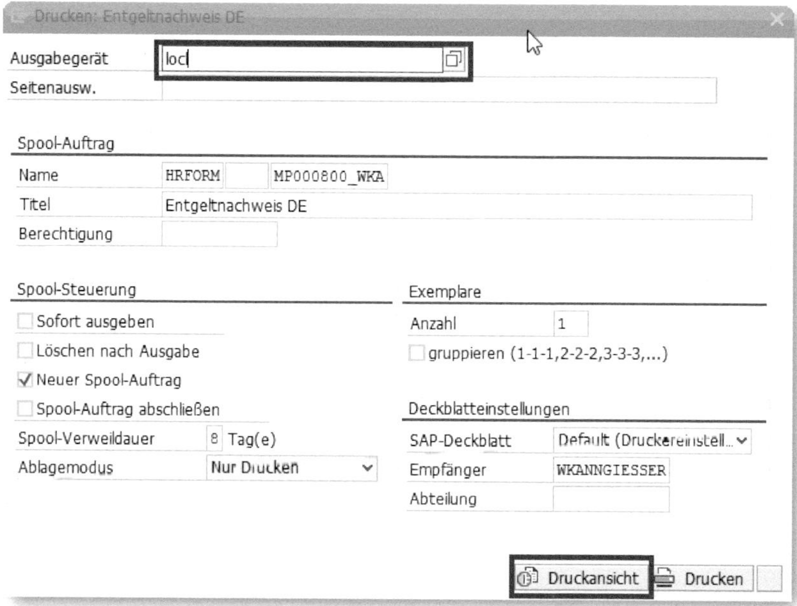

Abbildung 3.29: Abfrage Druckansicht oder Ausdruck

Wenn Sie sich für die Druckansicht entscheiden und, wie im Beispiel, den Drucker *LOCL* angeben, erhalten Sie eine Ansicht auf den Entgeltnachweis (siehe Abbildung 3.30).

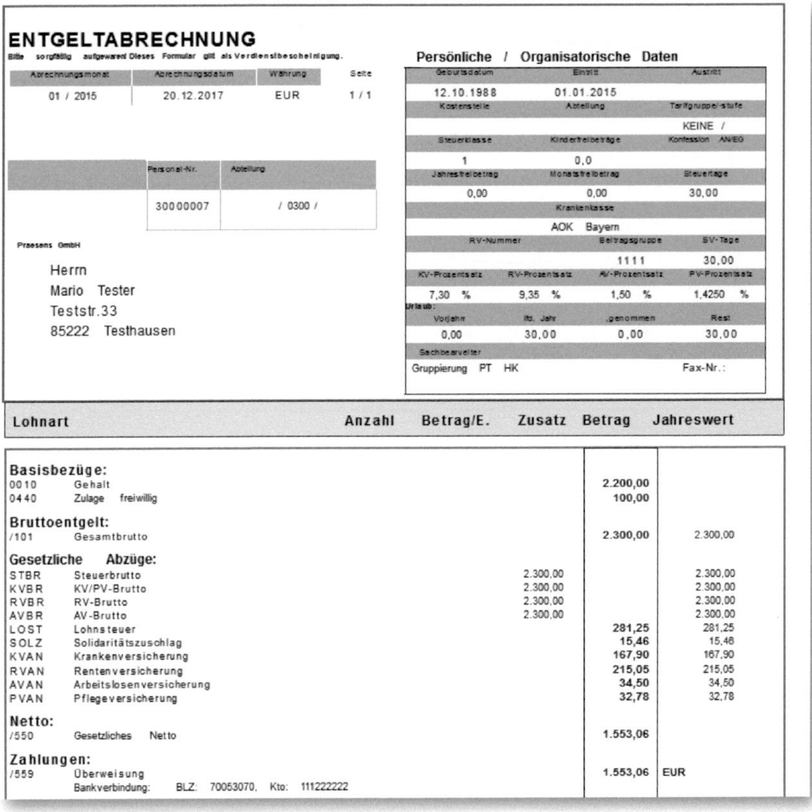

ENTGELTABRECHNUNG

Bitte sorgfältig aufgewaren! Dieses Formular gilt als Verdienstbescheinigung.

Abrechnungsmonat	Abrechnungsdatum	Währung	Seite
01 / 2015	20.12.2017	EUR	1 / 1

	Personal-Nr.	Abteilung
	30000007	/ 0300 /

Praesens GmbH

Herrn
Mario Tester
Teststr.33
85222 Testhausen

Persönliche / Organisatorische Daten

Geburtsdatum	Eintritt	Austritt
12.10.1988	01.01.2015	
Kostenstelle	**Abteilung**	**Tarifgruppe/-stufe**
		KEINE /
Steuerklasse	**Kinderfreibeträge**	**Konfession AN/EG**
1	0,0	
Jahresfreibetrag	**Monatsfreibetrag**	**Steuertage**
0,00	0,00	30,00
	Krankenkasse	
	AOK Bayern	

RV-Nummer		Beitragsgruppe	SV-Tage
		1111	30,00
KV-Prozentsatz	**RV-Prozentsatz**	**AV-Prozentsatz**	**PV-Prozentsatz**
7,30 %	9,35 %	1,50 %	1,4250 %
Urlaub: Vorjahr	**lfd. Jahr**	**genommen**	**Rest**
0,00	30,00	0,00	30,00
Sachbearveiter			
Gruppierung PT HK			Fax-Nr.:

Lohnart		Anzahl	Betrag/E.	Zusatz	Betrag	Jahreswert
Basisbezüge:						
0010	Gehalt				2.200,00	
0440	Zulage freiwillig				100,00	
Bruttoentgelt:						
/101	Gesamtbrutto				2.300,00	2.300,00
Gesetzliche Abzüge:						
STBR	Steuerbrutto			2.300,00		2.300,00
KVBR	KV/PV-Brutto			2.300,00		2.300,00
RVBR	RV-Brutto			2.300,00		2.300,00
AVBR	AV-Brutto			2.300,00		2.300,00
LOST	Lohnsteuer				281,25	281,25
SOLZ	Solidaritätszuschlag				15,46	15,46
KVAN	Krankenversicherung				167,90	167,90
RVAN	Rentenversicherung				215,05	215,05
AVAN	Arbeitslosenversicherung				34,50	34,50
PVAN	Pflegeversicherung				32,78	32,78
Netto:						
/550	Gesetzliches Netto				1.553,06	
Zahlungen:						
/559	Überweisung Bankverbindung: BLZ: 70053070, Kto: 111222222				1.553,06	EUR

Abbildung 3.30: Entgeltnachweis Simulation

So können Sie die abrechnungsrelevanten Angaben in einer Simulation aus dem Infotyp 0008 heraus testen.

Druckervorgabe

In den meisten Fällen wurde in Ihren Userparametern vom Systemadministrator bereits vorab ein Drucker eingetragen. Üblicherweise handelt es sich um den Drucker, der in der Personalabteilung verwendet wird. In den meisten Fällen wird dann auch das Feld DRUCKEN, vgl. Abbildung 3.29, gar nicht mehr abgefragt, sondern sofort die Druckansicht erzeugt. Die direkte userbezogene Druckerzuweisung hat den Zweck, zu verhindern, dass Sie in der Druckerauswahl einen Drucker ansteuern, der vielleicht im Lager oder in der Vertriebsabteilung steht. Wenn hier echte Entgeltnachweise ausgedruckt werden, kann dies für Sie und die Personalleitung ziemlich unangenehm werden ...

3.1.8 IT 0009 – Bankverbindung

Das Gehalt oder der Lohn soll am Monatsende bzw. zu einem anderen festgelegten Zeitpunkt im Monat an den Mitarbeiter gezahlt werden. Um diese Zahlung, die entweder von der Personalabteilung oder der Finanzbuchhaltung ausgelöst wird, auch durchführen zu können, muss es im System für jeden Mitarbeiter eine Bankverbindung geben. Diese wird im *Infotyp 0009 – Bankverbindung* hinterlegt (siehe Abbildung 3.31).

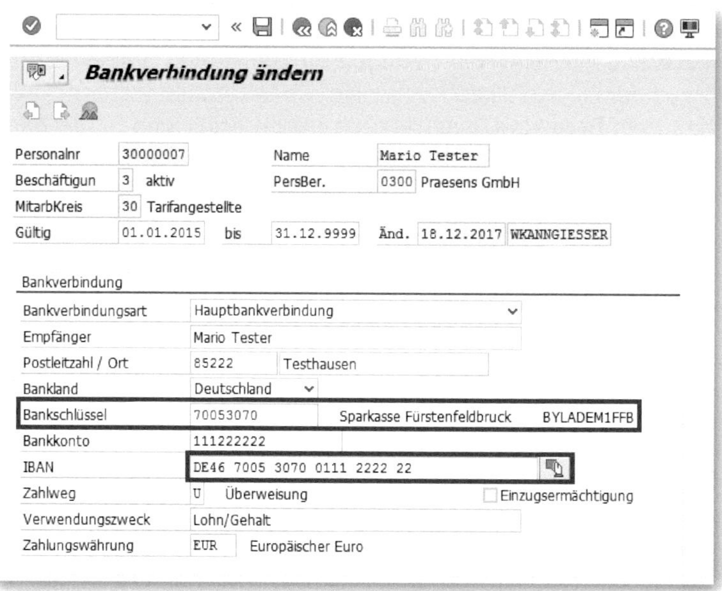

Abbildung 3.31: Infotyp 0009 – Bankverbindung

Aus Kontonummer und Bankleitzahl wurde die *IBAN (International Bank Account Number)* im Rahmen der Vereinheitlichung der Zahlungen in Europa entwickelt, die seit Februar 2016 alle anderen Angaben im Zahlungsverkehr ersetzt. Der Mitarbeiter muss diese bei seiner Einstellung angeben. Ist die IBAN eingetragen, kann man sie über den Button prüfen. Wie auch bei anderen Infotypen existieren in diesem Infotyp einige Subtypen, siehe Abbildung 3.32, die unterschiedliche Zahlungen an den Mitarbeiter, wie Lohn/Gehalt und z. B. Reisespesen, auseinandersteuern können. Die Auswahl der Bankverbindungsart ist ein Pflichtfeld.

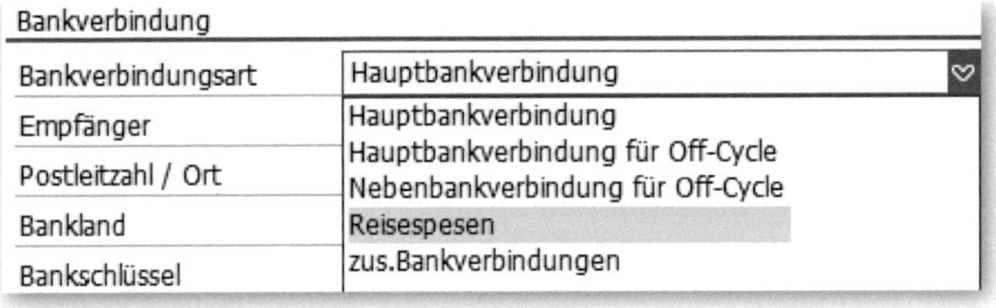

Abbildung 3.32: Subtypen im Infotyp 0009

Die Daten der Banken sollten im SAP HCM hinterlegt sein. Im Datenfeld Bankschlüssel sind die verfügbaren Bankdaten aufgelistet und können aus der Auswahlliste (F4-Hilfe) übernommen werden. Wenn Sie in das Feld Bankschlüssel klicken (siehe Abbildung 3.33), öffnet sich eine Suchhilfe, in der Sie nach einer bestimmten Bank suchen können, siehe Abbildung 3.34.

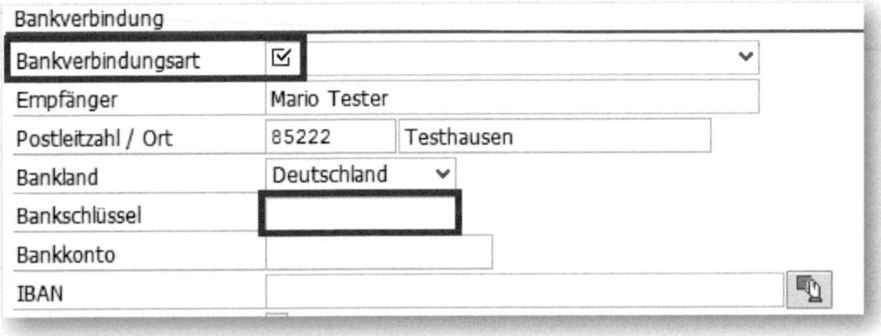

Abbildung 3.33: Bankschlüssel IT 0009

Falls Sie die Bankdaten nicht genau kennen, können Sie in der Selektionsübersicht mit dem, was Sie bereits wissen – im Beispiel die

Anfangszahlen des Bankschlüssels –, die Bankliste durchsuchen und sich die Ergebnisse anzeigen lassen.

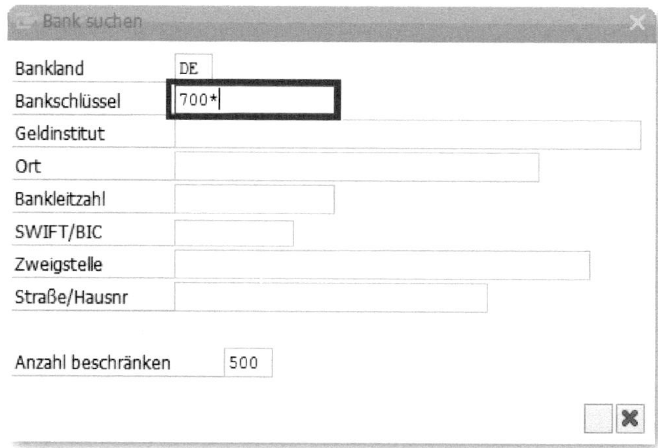

Abbildung 3.34: Selektionsbild Bankdaten

In der Ergebnisliste, siehe Abbildung 3.35, können Sie die hinterlegten Bankdaten auswählen und übernehmen.

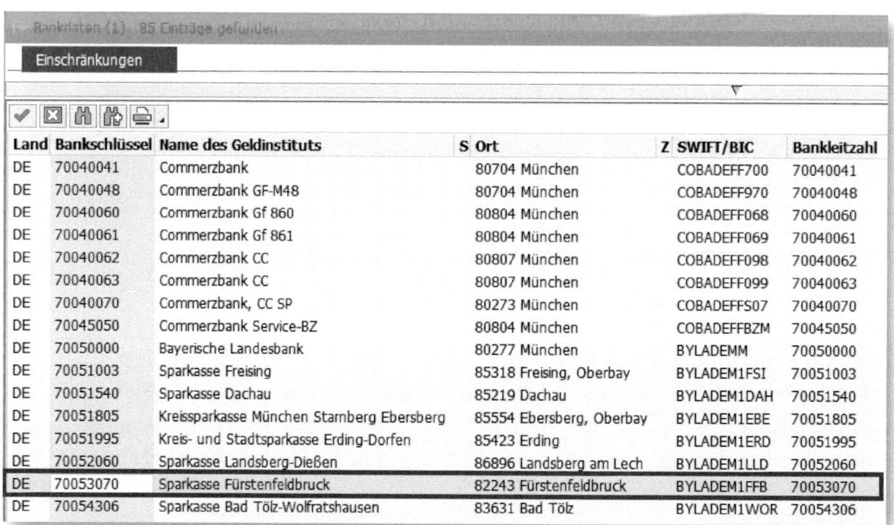
Bankdaten (1) 85 Einträge gefunden

Einschränkungen

Land	Bankschlüssel	Name des Geldinstituts	S	Ort	Z	SWIFT/BIC	Bankleitzahl
DE	70040041	Commerzbank		80704 München		COBADEFF700	70040041
DE	70040048	Commerzbank GF-M48		80704 München		COBADEFF970	70040048
DE	70040060	Commerzbank Gf 860		80804 München		COBADEFF068	70040060
DE	70040061	Commerzbank Gf 861		80804 München		COBADEFF069	70040061
DE	70040062	Commerzbank CC		80807 München		COBADEFF098	70040062
DE	70040063	Commerzbank CC		80807 München		COBADEFF099	70040063
DE	70040070	Commerzbank, CC SP		80273 München		COBADEFFS07	70040070
DE	70045050	Commerzbank Service-BZ		80804 München		COBADEFFBZM	70045050
DE	70050000	Bayerische Landesbank		80277 München		BYLADEMM	70050000
DE	70051003	Sparkasse Freising		85318 Freising, Oberbay		BYLADEM1FSI	70051003
DE	70051540	Sparkasse Dachau		85219 Dachau		BYLADEM1DAH	70051540
DE	70051805	Kreissparkasse München Starnberg Ebersberg		85554 Ebersberg, Oberbay		BYLADEM1EBE	70051805
DE	70051995	Kreis- und Stadtsparkasse Erding-Dorfen		85423 Erding		BYLADEM1ERD	70051995
DE	70052060	Sparkasse Landsberg-Dießen		86896 Landsberg am Lech		BYLADEM1LLD	70052060
DE	70053070	Sparkasse Fürstenfeldbruck		82243 Fürstenfeldbruck		BYLADEM1FFB	70053070
DE	70054306	Sparkasse Bad Tölz-Wolfratshausen		83631 Bad Tölz		BYLADEM1WOR	70054306

Abbildung 3.35: Ergebnisliste Bankdaten

Diese im System hinterlegte Bankliste sollte immer auf dem neuesten Stand sein. Der Systemadministrator nutzt dafür Dateien, die unter anderem von der Deutschen Bundesbank zur Verfügung gestellt und in regelmäßigen Intervallen aktualisiert werden. Ist eine Bankverbindung hier nicht hinterlegt, kann keine Zahlung erfolgen.

3.1.9 IT 0010 – Vermögensbildung

Abbildung 3.36: Infotyp 0010 – Vermögensbildung

Im Infotyp 0010, siehe Abbildung 3.36, erfassen Sie die Daten zu Vermögensbildungsverträgen der Mitarbeiter, für die nach dem Vermögensbildungsgesetz vom Arbeitgeber vermögenswirksame Leistungen erbracht werden. Diese Daten sind abrechnungsrelevant.

Die Vermögensbildung erfolgt in der Personalabrechnung in zwei Schritten:

1. Im Bruttoteil wird der Arbeitgeberanteil erzeugt.
2. Im Nettoteil wird die Überweisung durchgeführt sowie die Vermögensbildung nach Anlagearten gesammelt.

Für den Mitarbeiter können mehrere Verträge unterschiedlicher Art eingerichtet werden. Sie werden mit einer fortlaufenden Nummer versehen und bilden dadurch Subtypen zum Infotyp 0010. Die Verträge können unterschiedlicher Art sein. Bis zu zehn der üblichen Verträge können in diesem Infotypen im Standard abgebildet werden (siehe Abbildung 3.37).

Anlageart	Anlageart
1	Ratensparen
2	Bausparen
3	Lebensversicherung
4	Kapitalsparen
6	AVmG
7	BVV
8	Vermögensbeteiligung
9	Darlehen

Abbildung 3.37: Anlagearten im Infotyp 0010

Sie erkennen in Abbildung 3.36 verschiedene Karteireiter, um weitere Daten aufzunehmen. Im ersten Reiter VERTRAGSDATEN werden die vertragsrelevanten Daten erfasst, im Reiter AUSZAHLUNG die unterschiedlichen Auszahlungsmethoden hinterlegt, siehe Abbildung 3.38.

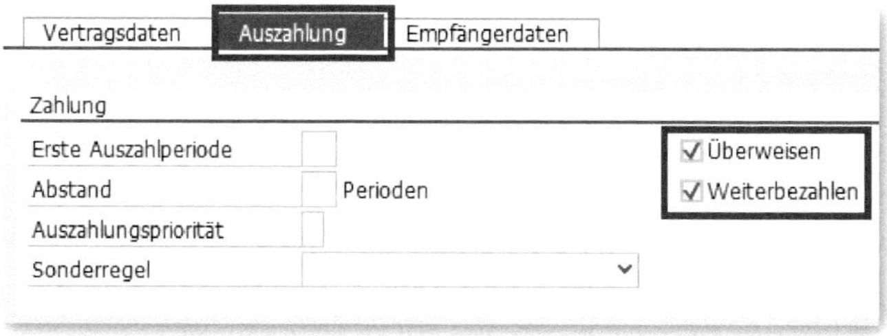

Abbildung 3.38: IT 0010 – Reiter »Auszahlung«

Da es sich in den meisten Fällen um monatliche Beträge handelt, muss hier auch meist nichts hinterlegt werden. Wichtig sind die Haken bei ÜBERWEISEN und WEITERBEZAHLEN. Nur wenn ÜBERWEISEN aktiviert ist, werden die Empfängerdaten ausgelesen und die Überweisung angestoßen. Der Haken bei WEITERBEZAHLEN wird gesetzt, sofern der Betrag auch dann überwiesen werden soll, wenn bei der Gehaltsabrechnung eigentlich kein ausreichender Auszahlungsbetrag übrigbleibt. Das kann schon mal passieren, beispielsweise, wenn ein Mitarbeiter sehr viel Vorschuss bekommen hat und in der nächsten Abrechnung nur einen sehr geringen Auszahlungsbetrag erhält. Im Reiter EMPFÄNGERDATEN, siehe Abbildung 3.39, wird die Bankverbindung des Vertragsinstituts hinterlegt, mit dem der Vertrag über die vermögensbildenden Leistungen abgeschlossen wurde.

Abbildung 3.39: IT 0010 – Reiter »Empfängerdaten«

Das Feld BANKSCHLÜSSEL greift auf die gleiche Bankdatentabelle zu, die Sie schon im *Infotyp 0009 – Bankverbindung*, vgl. Abbildung 3.33 und Abbildung 3.35, kennengelernt haben.

3.1.10 IT 0011 – Externe Überweisungen

Dieser abrechnungsrelevante Infotyp, siehe Abbildung 3.40, wird verwendet, wenn Sie für einen Mitarbeiter Überweisungen an Dritte vornehmen. Das können ein Versicherungsbeitrag an eine Versicherung oder ein Mietanteil an den Vermieter Ihres Mitarbeiters sein.

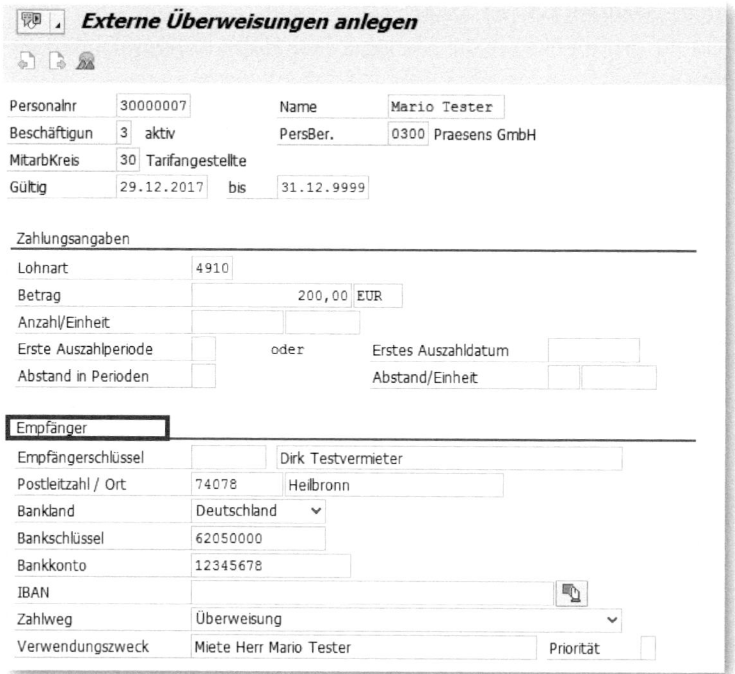

Abbildung 3.40: Infotyp 0011 – Externe Überweisungen

Die Empfängerdaten werden hier direkt hinterlegt. In der Gehaltsabrechnung wird der Betrag als »Überweisungsbetrag« aufgeführt.

3.1.11 IT 0012 – Steuerdaten D

Der abrechnungsrelevante Infotyp 0012 ist sehr viel komplexer als die bis jetzt angesprochenen Infotypen. Das »*D*« steht natürlich für Deutschland, und da in den verschiedenen Ländern unterschiedliche Steuerdaten zu erfassen sind, ist dies ein länderspezifischer Infotyp (siehe Abbildung 3.41).

Die Lohnsteuerabzugsmerkmale (z. B. Steuerklasse, Freibeträge) werden dem Arbeitgeber in einer Datenbank der Finanzverwaltung zum elektronischen Abruf bereitgestellt und als *Elektronische Lohn-*

SteuerAbzugsMerkmale (ELStAM) bezeichnet. Seit dem Jahr 2013 entfällt damit grundsätzlich die Vorlage von Papierbelegen beim Arbeitgeber.

Es können zwei verschiedene Identifikationsnummern verwendet werden. Die sogenannte IDNR ❶ ist die *Steueridentifikationsnummer*, die jedem Bundesbürger einmalig zugewiesen wird. Sie wurde zum 1. Juli 2007 eingeführt und gilt lebenslang. Sie kann für natürliche Personen die bisherige Steuernummer und wird in Zukunft auch die sogenannte ETIN ❷ ersetzen. Als »Personaler« ist Ihnen das sicherlich bekannt.

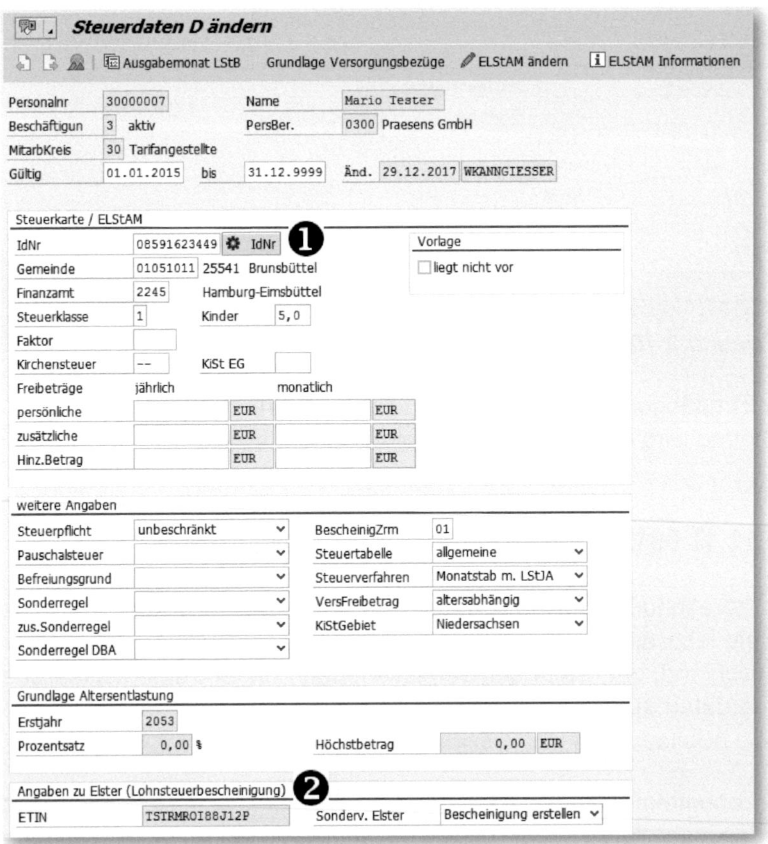

Abbildung 3.41: Infotyp 0012 – Steuerdaten D

In der oberen Menüleiste des Infotyps, siehe Abbildung 3.42, finden Sie die Funktion zur Einstellung des Ausgabemonats für die jährliche Lohnsteuerbescheinigung.

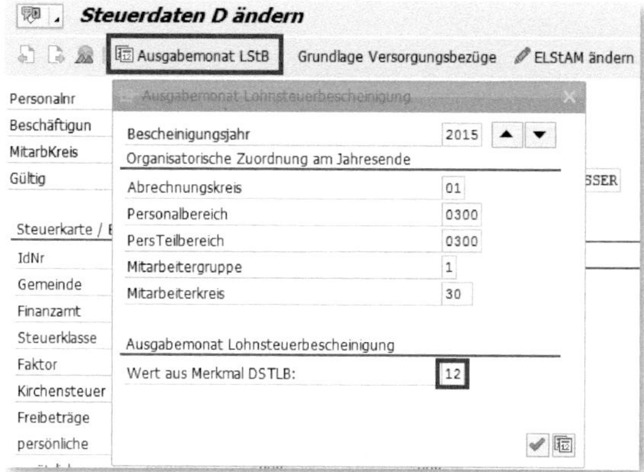

Abbildung 3.42: Ausgabemonat Lohnsteuerbescheinigung

Sie geben als Ausgabemonat in der Regel die *12* für Dezember ein. Dies ist der letzte im Jahr abgerechnete Monat. Die Lohnsteuerbescheinigung wird nach der Dezemberabrechnung im Januar erstellt.

In der Menüleiste ist der nächste Punkt die Funktion für die Anlage und Pflege von Versorgungsbezügen (siehe Abbildung 3.43).

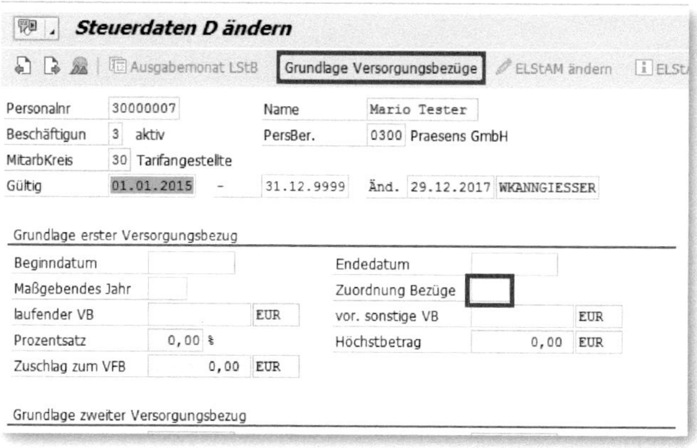

Abbildung 3.43: Grundlage Versorgungsbezüge im IT 0012

Im Standard ist die Einrichtung von fünf Einträgen zu dieser Funktion vorgesehen. Bei den Versorgungsgrundlagen stehen bereits viele unterschiedliche Möglichkeiten zur Auswahl, siehe Abbildung 3.44. Außerdem sind kundenspezifische Versorgungsbezüge und die Anlage kundeneigener Lohnarten möglich.

LGVBZ	Zuordnung Bezüge	LArt	Lohnart-Langtext
V001	Versorgung 1	/OVP	Ausz. KiErziehzu.VE stpfl
V001	Versorgung 1	/OVV	Versorgungsausgleich
V001	Versorgung 1	/T20	BÜZ-Tilgung /F20
V001	Versorgung 1	0800	Firmenrente
V001	Versorgung 1	0830	EU-Rente
V001	Versorgung 1	4030	Rente Kapitalabfindung
V001	Versorgung 1	M510	Sterbegeld
V001	Versorgung 1	M520	Sterbegeld Rentner
V001	Versorgung 1	MF10	Firmenrente
V001	Versorgung 1	MF20	Witwenrente
V001	Versorgung 1	MF30	Waisenrente
V001	Versorgung 1	MF40	EU-Rente
V001	Versorgung 1	MF50	Vorruhestand

Abbildung 3.44: Zuordnung Versorgungsbezug

Die Lohnsteuerabzugsmerkmale können auch manuell bearbeitet werden. Hierzu klicken Sie auf die entsprechende Funktion ❶ in der Menüleiste, wie in Abbildung 3.45 zu sehen.

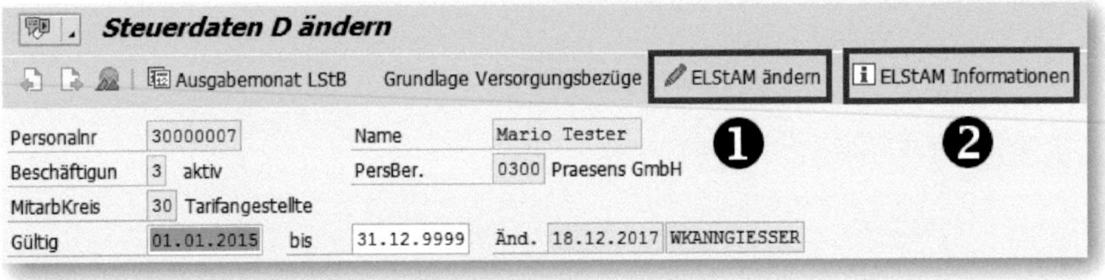

Steuerdaten D ändern

Ausgabemonat LStB | Grundlage Versorgungsbezüge | ELStAM ändern | ELStAM Informationen

❶ ❷

Personalnr	30000007	Name	Mario Tester
Beschäftigun	3 aktiv	PersBer.	0300 Praesens GmbH
MitarbKreis	30 Tarifangestellte		
Gültig	01.01.2015 bis 31.12.9999	Änd.	18.12.2017 WKANNGIESSER

Abbildung 3.45: ELStAM ändern und anzeigen

Wollen Sie wissen, welche ELStAM-Informationen über den Mitarbeiter vorliegen, klicken Sie einfach auf den gleichnamigen Button ❷, und schon erhalten Sie eine Übersicht der verfügbaren Daten, siehe Abbildung 3.46.

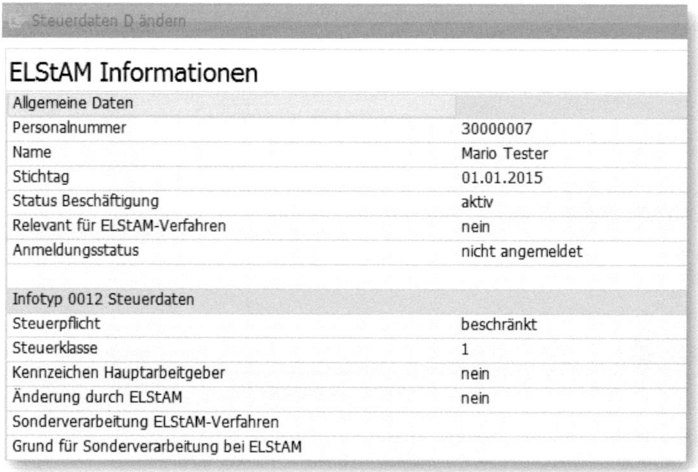

Steuerdaten D ändern

ELStAM Informationen

Allgemeine Daten	
Personalnummer	30000007
Name	Mario Tester
Stichtag	01.01.2015
Status Beschäftigung	aktiv
Relevant für ELStAM-Verfahren	nein
Anmeldungsstatus	nicht angemeldet
Infotyp 0012 Steuerdaten	
Steuerpflicht	beschränkt
Steuerklasse	1
Kennzeichen Hauptarbeitgeber	nein
Änderung durch ELStAM	nein
Sonderverarbeitung ELStAM-Verfahren	
Grund für Sonderverarbeitung bei ELStAM	

Abbildung 3.46: ELStAM-Informationen

3.1.12 IT 0013 – Sozialvers. D

Auch dieser länderspezifische Infotyp ist abrechnungsrelevant und steuert die korrekte Verarbeitung von Beiträgen zur Sozialversicherung. Liegen hierzu keine Daten vor, kann der Mitarbeiter nicht abgerechnet werden. Dieser Infotyp steht in engem Zusammenhang mit dem Infotyp SV-Zusatzversicherung (0079), siehe Abschnitt 3.1.37, in dem Daten zu Zusatzversicherungen erfasst werden. Ist dieser Infotyp angelegt, werden die dort erfassten Daten im unteren Bereich des IT 0013 angezeigt, siehe Abbildung 3.47.

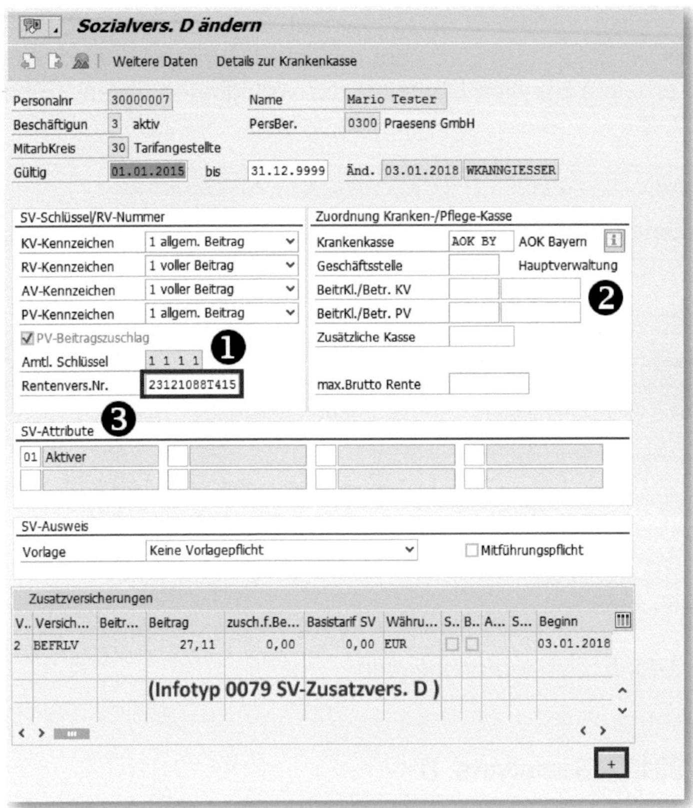

Abbildung 3.47: IT 0013 – Sozialvers. D

Die Daten aus Infotyp 0013 werden bei der Personalabrechnung, dem Überweisen der Sozialversicherung, dem Erstellen von Beitragsnachweisen und bei der DEÜV (vgl. Abschnitt 3.1.5) verwendet. Sie pflegen die sozialversicherungsrelevanten Daten des Mitarbeiters ein, der privat, gesetzlich oder freiwillig versichert sein kann. Hier machen Sie Angaben zu den Kennzeichen

- Krankenversicherung (KV-KENNZEICHEN),
- Rentenversicherung (RV-KENNZEICHEN),
- Arbeitslosenversicherung (AV-KENNZEICHEN),
- Pflegeversicherung (PV-KENNZEICHEN).

Aus den einzelnen Kennzeichen ermittelt das System den amtlichen SV-Schlüssel ❶ und zeigt diesen an. Das System schlägt zu den einzelnen Sozialversicherungskennzeichen Werte vor. Diese Vorschlagswerte werden nach den Angaben ermittelt, die im *Infotyp 0001 – Organisatorische Zuordnung*, siehe Abschnitt 3.1.45, über die Zugehörigkeit des Mitarbeiters zu einer Mitarbeitergruppe und einem Mitarbeiterkreis hinterlegt sind. Wenn Sie die Vorschlagswerte zu den Sozialversicherungskennzeichen überschreiben, überprüft das System Ihre Eingaben. Bei unzulässigen Werten wird eine Warnung oder Fehlermeldung ausgegeben. Ein weiterer wichtiger Eintrag ist die Zuordnung zur Kranken- und Pflegekasse. In diesem Bereich ❷ können Sie die Krankenkasse des Mitarbeiters sowie weitere relevante Daten erfassen.

Durch die Angabe von SV-ATTRIBUTEN ❸ wird der Status eines Mitarbeiters aus versicherungstechnischer Sicht beschrieben. Hier können Sie zu allen Arten der Sozialversicherung weitere Daten erfassen, wie z. B.:

- Der Mitarbeiter ist in einem oder mehreren Sozialversicherungszweigen von der Versicherungspflicht befreit.
- Es gilt eine andere als die übliche Aufteilung der Versicherungsbeiträge zwischen Arbeitnehmer und Arbeitgeber.
- Für die Behandlung des Mitarbeiters in der Sozialversicherung soll eine Sonderregel angewendet werden.

Lassen Sie sich von einem Kollegen die »Spezialfälle« in Ihrem Unternehmen zeigen und die Einstellungen erklären. So lernen Sie am besten den Umgang mit diesem Infotyp kennen.

Im unteren Teil der in Abbildung 3.47 gezeigten Ansicht dieses Infotyps sehen Sie noch das Feld [+]. Wenn Sie draufklicken, gelangen Sie in eine Ansicht, siehe Abbildung 3.48, in der Sie unterschiedliche Sonderregeln pflegen können. Mit dem Feld [-] kehren Sie wieder in die ursprüngliche Ansicht zurück.

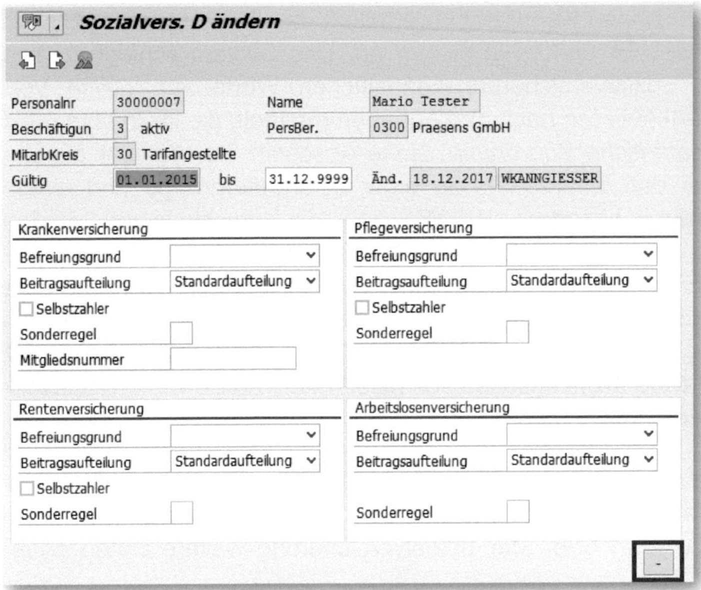

Abbildung 3.48: Zusatzansicht zum IT 0013

Sie pflegen hier die Sonderregelungen für die verschiedenen Versicherungstypen. Das System schlägt Ihnen für jeden Typ im Feld SONDERREGEL die im Standard hinterlegten Sonderregelungen vor (siehe Abbildung 3.49).

Wir haben es hier mit einem wirklich komplexen Infotyp zu tun. Aber immerhin werden Sie durch eine Verprobung der einzelnen Konstellationen in den meisten Fällen vor einem falschen Eintrag gewarnt, und je nach Meldung können Sie diesen Infotyp gar nicht sichern, wenn die Verprobung nicht erfolgreich war.

Wenn Sie zum Beispiel bei einem pflichtversicherten Mitarbeiter das SV-Attribut *20 Privat versichert* eingegeben haben, erscheint sofort nach Drücken der `Enter`-Taste oder Klicken auf ✔ im unteren Bereich diese Meldung:

Bitte bei Privatversicherten KV-Schlüssel 0, 5 oder 6 eingeben

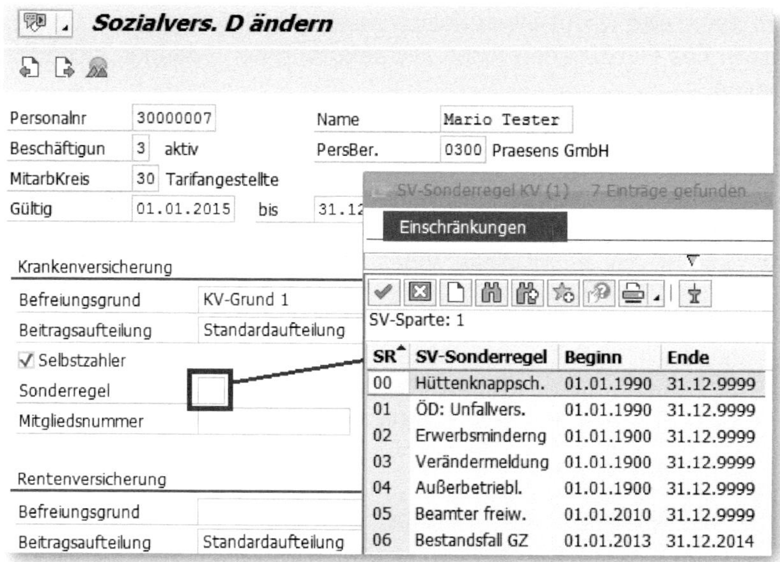

Abbildung 3.49: Sonderregelungen für die KV im IT 0013

Die Ansicht des Infotyps ändert sich auch farblich (die Bezeichnung der SV-Schlüssel wechselt von Schwarz auf Blau, und die Bezeichnungsschlüssel wechseln von Schwarz auf Rot), siehe Abbildung 3.50, und wenn Sie auf die Meldung doppelklicken, öffnet sich diese in einem eigenen Anzeigefeld.

SV-Schlüssel/RV-Nummer
KV-Kennzeichen 1 allgem. Beitrag
RV-Kennzeichen 1 voller Beitrag
AV-Kennzeichen 1 voller Beitrag
PV-Kennzeichen 1 allgem. Beitrag
PV-Beitragszuschlag
Amtl. Schlüssel 1 1 1 1
Rentenvers.Nr.
SV-Attribute
01 Aktiver
20 Private KV

Zuordnung Kranken-/Pflege-Kasse
Krankenkasse AOK BY AOK Bayern
Geschäftsstelle Hauptverwaltung
BeitrKl./Betr. KV
BeitrKl./Betr. PV
Zusätzliche Kasse
max.Brutto Rente

Performance Assistant
Bitte bei Privatversicherten KV-Schlüssel 0, 5 oder 6 eingeben

Abbildung 3.50: Fehlermeldung IT 0013

Man kann also kaum etwas falsch machen; allerdings wäre für den Anfang das Hinzuziehen eines systemerfahrenen Kollegen sicherlich sinnvoll.

3.1.13 IT 0014 – Wiederkehrende Be-/Abzüge

Dieser abrechnungsrelevante Infotyp ist nicht so komplex wie die beiden Infotypen 0012 und 0013. Allerdings ist er in der Abrechnung sehr wichtig, denn er bildet Lohnarten ab, die nicht unbedingt zu den Basisbezügen, siehe Infotyp 0008 in Abschnitt 3.1.7, gehören. Hier werden Lohnarten eingegeben, die als zusätzliches Entgelt vergütet werden. Hierzu gehören unter anderem

- Fahrgeldzuschuss,
- Essensgeld,
- Prämien,
- Zulagen,
- Urlaubsgeld,
- Boni.

Die Lohnarten werden im Datenfeld LOHNART vorgeschlagen und können dort ausgewählt werden.

Zuweisung Lohnart zu Infotypen

Wenn Sie in der Auswahl LOHNART eine bestimmte Lohnart nicht finden können, so ist sie für diesen Infotyp nicht zulässig. In der Lohnartensteuerung wird vom Abrechnungsadministrator festgelegt, für welchen der Infotypen, wie 0008 – Basisbezüge oder 0014 – Wiederkehrende Be-/Abzüge, die entsprechende Lohnart zulässig sein soll.

Bei dem Infotyp 0014 ist es sinnvoll, sich die Datensätze in der Übersicht anzeigen zu lassen und zu überprüfen, ob die Lohnart, die man eintragen möchte, nicht schon vorhanden ist. Es existiert pro Lohnart nämlich nur ein Datensatz. Um in die Übersicht der angelegten Lohnarten zu kommen, drücken Sie in der Transaktion *PA30* nach Auswahl des Infotyps 0014 das Feld , siehe Abbildung 3.1.

Wiederkehrende Be-/Abzüge Liste

Personalnr 30000007 Name Mario Tester
Beschäftigun 3 aktiv PersBer. 0300 Praesens GmbH
MitarbKreis 30 Tarifangestellte
Auswahl 01.01.1800 bis 31.12.9999 Art

Lohn-/Ge...	Lohnart-Langtext	Beginn	Ende	A	Betr...	W..	Anzahl/Einheit	Ein
1220	Fahrgeld steuerpflichtig	01.01.2017	31.12.9999		20,00	EUR	0,00	
2405	Sonntag 80%/50%fr.	01.01.2017	31.12.9999		0,00	EUR	25,00	Stu

Abbildung 3.51: Übersicht Datensätze IT 0014

Sie markieren den ersten Eintrag *1220* (siehe Abbildung 3.51) und klicken dann auf das Icon , um diesen Eintrag zu bearbeiten (siehe Abbildung 3.52).

Wiederkehrende Be-/Abzüge ändern

Personalnr 30000007 Name Mario Tester
Beschäftigun 3 aktiv PersBer. 0300 Praesens GmbH
MitarbKreis 30 Tarifangestellte
Gültig 01.01.2017 bis 31.12.9999 Änd. 03.01.2018 WKANNGIESSER

Wiederkehrende Be-/Abzüge
Lohnart 1220 Fahrgeld steuerpflichtig
Betrag 20,00 EUR Ind.Bew.
Anzahl/Einheit
Zuordnungsnummer
Änderungsgrund

Zahlungszeitpunkte
Erste Auszahlperiode 01 oder Erstes Auszahldatum
Abstand in Perioden Abstand/Einheit

Abbildung 3.52: IT 0014 – Lohnart »Fahrgeld«

Bei diesem Beispiel handelt es sich um eine *direkt bewertete Lohnart* für Fahrgeld. Ab der 1. Abrechnungsperiode erhält der Mitarbeiter 20,00 EUR als steuerpflichtiges Entgelt. Da im Datenfeld ABSTAND IN PERIODEN nichts eingetragen ist, erhält er es monatlich. Hätten Sie in diesem Feld zum Beispiel eine »2« eingetragen, würde diese Lohnart alle zwei Monate gezahlt werden. Bei der nächsten Beispiellohnart, siehe Abbildung 3.53, handelt es sich um eine *indirekt bewertete Lohnart*. Hier werden monatlich *25 Stunden* für Sonntagsarbeit ausbezahlt, wobei das System den Eurobetrag selbstständig ausrechnet.

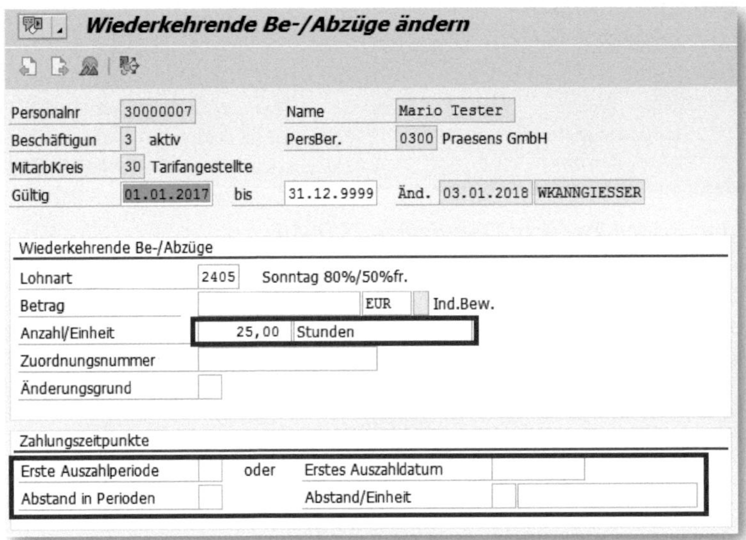

Abbildung 3.53: IT 0014 – indirekt bewertete Lohnart

Für den, zumeist gewerblich tätigen, Mitarbeiter muss allerdings vorab ein Stundenlohn vereinbart sein, sonst klappt das natürlich nicht.

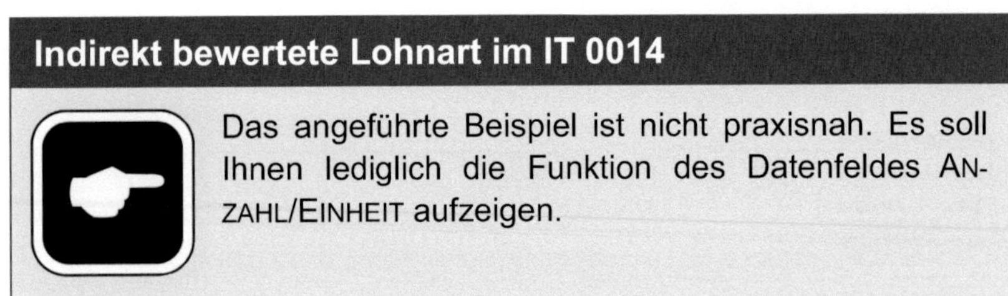

Indirekt bewertete Lohnart im IT 0014

Das angeführte Beispiel ist nicht praxisnah. Es soll Ihnen lediglich die Funktion des Datenfeldes ANZAHL/EINHEIT aufzeigen.

3.1.14 IT 0015 – Ergänzende Zahlung

Dieser Infotyp, siehe Abbildung 3.54, wird in der Regel für Zahlungen an den Mitarbeiter verwendet, die nur einmal oder in unregelmäßigen Abständen gezahlt werden.

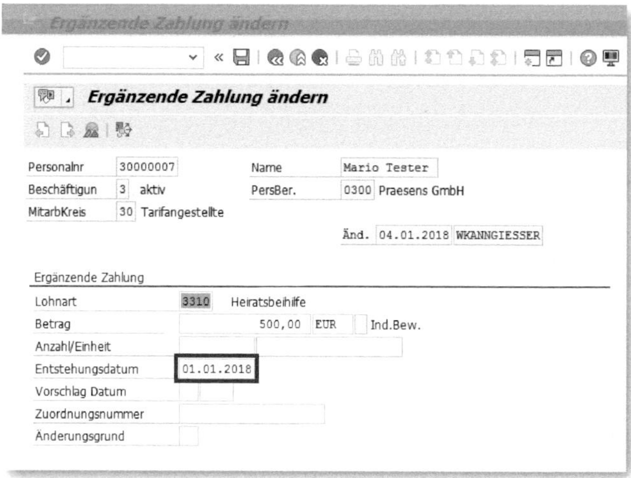

Abbildung 3.54: IT 0015 – Ergänzende Zahlung

Die Heiratsbeihilfe, der Umzugskostenzuschuss oder Sonderprämien werden hier eingetragen und bei der Abrechnung auch nur einmal berücksichtigt und abgerechnet. Wenn Sie genau hinsehen, werden Sie eine Besonderheit feststellen: Dieser Infotyp hat im Gegensatz zu allen anderen, die Sie bis jetzt kennengelernt haben, kein Beginn- und Endedatum, sondern ein singuläres ENTSTEHUNGSDATUM. Der Betrag wird in der Abrechnungsperiode abgerechnet, in der das Entstehungsdatum gültig ist.

Historienfähigkeit

SAP hat mit der Philosophie, jedem Datensatz ein Beginn- und ein Endedatum zuzuweisen, die Möglichkeit geschaffen, zu jedem Zeitpunkt eine Historie abzubilden. In fast jedem Selektionsbild eines Reports können Sie den für die Datensätze gültigen Zeitraum festlegen, indem Sie ein unterstes Beginn- und ein höchstes Endedatum vorgeben. Durch diese Einrichtung ist es z. B. auch möglich, jederzeit Entgeltbelege für zurückliegende Perioden zu erzeugen. Bei der Auswertung des IT 0015 wird jeder Datensatz angezeigt, dessen Entstehungsdatum innerhalb des Zeitraums zwischen gewähltem Beginn- und Endedatum liegt.

3.1.15 IT 0016 – Vertragsbestandteile

Der *Infotyp 0016 – Vertragsbestandteile* enthält wichtige Informationen über das arbeitsrechtliche Verhältnis zum Mitarbeiter. Hier wird hinterlegt, zu welchen Vertragsbedingungen der Mitarbeiter im Unternehmen tätig ist. Im Datenfeld VERTRAGSART, siehe Abbildung 3.55, wird beispielsweise hinterlegt, ob es sich um ein befristetes oder unbefristetes Arbeitsverhältnis handelt. Die Vertragsarten *Ausbildungsvertrag* oder *ABM-Maßnahme* können ebenfalls hier eingepflegt werden. Die ABM wird zwar seit 2012 nicht mehr gefördert, ist aber im SAP HCM immer noch als Subtyp vorhanden.

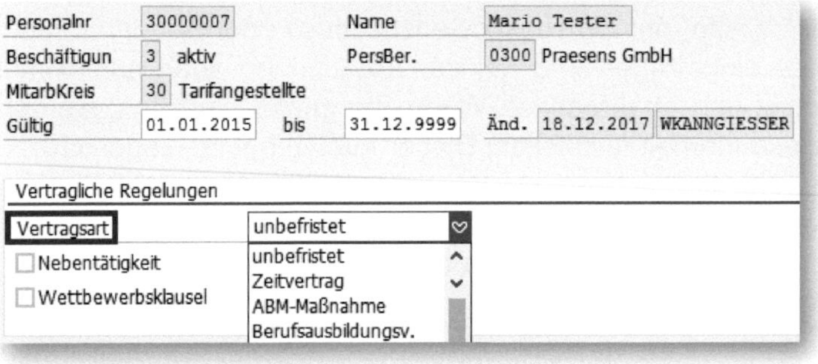

Abbildung 3.55: Vertragsarten im IT 0016

Die Datenfelder NEBENTÄTIGKEIT und WETTBEWERBSKLAUSEL (siehe Abbildung 3.56) können Sie einsetzen, um in der Übersicht anzuzeigen, ob der Mitarbeiter einer Nebentätigkeit nachkommen darf und ob er in seinem Vertrag eine Wettbewerbsklausel eingetragen hat. Der

Inhalt der Vereinbarungen ist im Arbeitsvertrag nachzulesen. Im Infotyp selbst findet hierzu keinerlei weitere Erläuterung statt.

Die Datenfelder im Bereich ZAHLUNGSDAUER AB KRANKHEITSBEGINN ❶ sind abrechnungsrelevant und berücksichtigen bei der Abrechnung je nach Eintrag, ob Gehalt oder – nach Ablauf der Entgeltfortzahlungsdauer – ein Krankengeldzuschuss ausbezahlt wird.

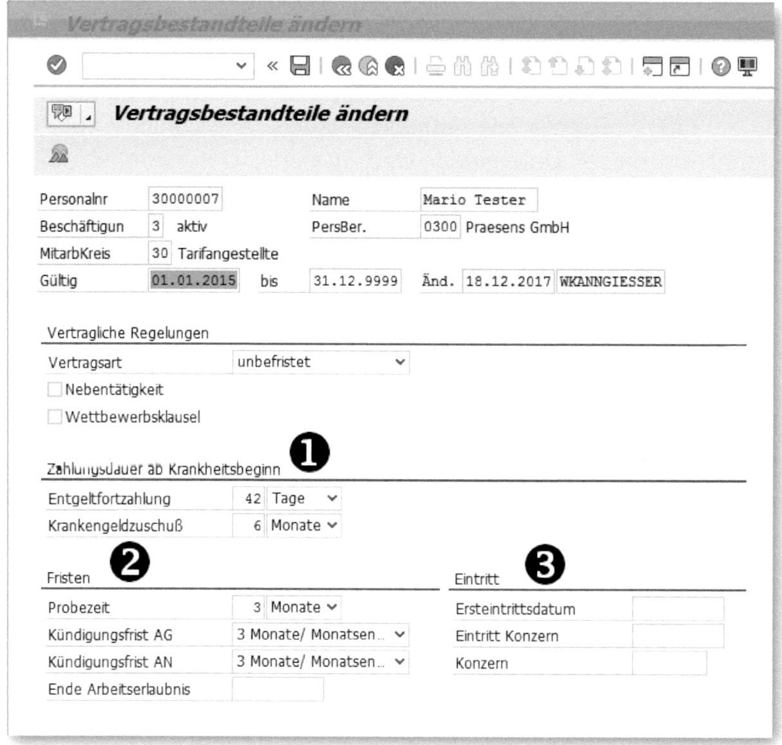

Abbildung 3.56: Infotyp 0016 – Vertragsbestandteile

In der Datenübersicht FRISTEN ❷ kann man die üblichen Fristen, die sich aus dem Arbeitsvertrag ergeben, eintragen. Sie lösen technisch zwar nichts aus, können aber über Reports ausgelesen werden und dienen dann der Personalabteilung als Information, wessen Probezeit zum Beispiel im nächsten Monat endet. Das Datenfeld ENDE AR-

BEITSERLAUBNIS dient ebenfalls der Auswertung und liefert die Information, für welche Mitarbeiter wann die Arbeitserlaubnis abläuft.

Für die Berechnung von Jubiläen können die Datenfelder im Bereich EINTRITT ❸ verwendet werden. Bei Unternehmen mit vielen Tochtergesellschaften kommt es oft vor, dass Mitarbeiter innerhalb des Konzerns den Arbeitsplatz wechseln. Bei der Fragestellung nach dem Jubiläum für zum Beispiel 10-jährige Zugehörigkeit wäre dann der EINTRITT KONZERN das Datum, an dem der Mitarbeiter das erste Arbeitsverhältnis in der Firmengruppe angetreten hat. Der ERSTEINTRITT kann das Datum sein, an dem der Mitarbeiter in einem Tochterunternehmen des Konzerns ein Arbeitsverhältnis angefangen hat. Die Handhabung dieser Datenfelder wird in vielen Unternehmen unterschiedlich interpretiert. Oft werden diese Felder überhaupt nicht gepflegt, da sie für die interne Jubiläumsberechnung nicht ausreichen. In diesen Fällen werden die zur Berechnung relevanten Datumsangaben im INFOTYP 0041 – DATUMSANGABEN, siehe Abbildung 3.107, hinterlegt und zur Berechnung herangezogen.

3.1.16 IT 0017 – Reiseprivilegien

Wenn es um Reiseprivilegien geht, erinnern sich viele Personaler schmunzelnd an Diskussionen, warum der Kollege A Business Class und der Kollege B »nur« Economy Class fliegen darf. Die Klasse des Mietwagens ist ein ebenso gern und viel diskutiertes Thema wie die Tatsache, dass Kollege A in einem 4-Sterne-Hotel, der Kollege B aber nur in einem 3-Sterne-Hotel übernachten darf. Um die »Dienstreisenverordnung«, wie sie gern genannt wird, auch umzusetzen, können diese Regeln im Infotyp 0017, siehe Abbildung 3.57, für jeden Mitarbeiter hinterlegt werden. Die dort gespeicherten Werte können bei einem Reiseantrag mit den beantragten Leistungen verglichen werden.

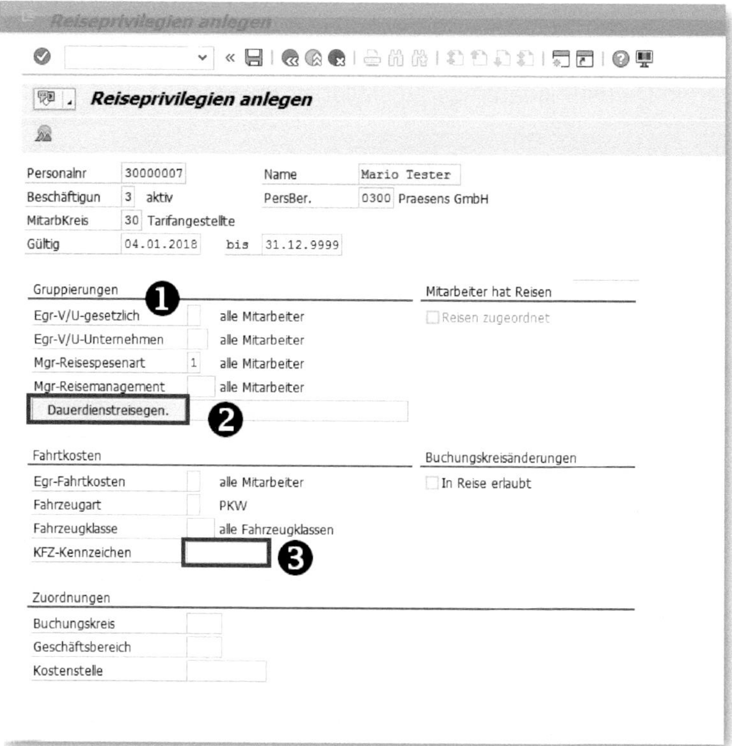

Abbildung 3.57: Infotyp 0017 – Reiseprivilegien

Hinter der Abkürzung EGR.V/U-GESETZLICH ❶ verbirgt sich die Erstattungsgruppe »Verpflegung/Unterkunft nach gesetzlichen Vorgaben«. Jedes Unternehmen kann auch eigene Regelungen in der Erstattungsgruppe »Verpflegung/Unterkunft-Unternehmenseigene Erstattungsbeträge« für jeden Mitarbeiter abspeichern. Es besteht dann immer die Möglichkeit, einen Reiseantrag mit den Werten des Infotyps 0017 zu vergleichen und zu prüfen, ob man den Reiseantrag genehmigen kann. Für Vielreisende werden oft DAUERDIENSTREISEGENEHMIGUNGEN angelegt ❷. Wenn in dieser Tabelle zum Beispiel die in Abbildung 3.58 ausgewiesenen Werte eingetragen sind, braucht dieser Mitarbeiter für die angeführten Reiseaktivitäten keine gesonderten Dienstreiseanträge zu stellen.

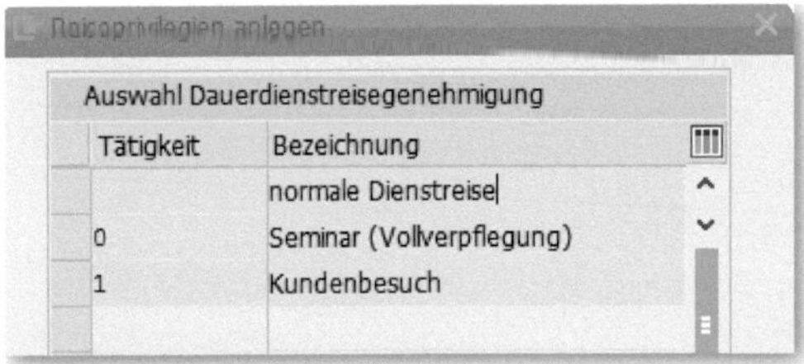

Abbildung 3.58: Dauerdienstreisegenehmigungen

Hat der Mitarbeiter die Genehmigung, seinen Privatwagen für eine Dienstreise zu verwenden und über Kilometergeld abzurechnen, wird in den meisten Firmen das Führen eines Fahrtenbuchs verlangt. Das KENNZEICHEN des Privatwagens kann im Infotyp unter ❸ hinterlegt werden. Soweit die Theorie, Ordnung in das Reiseverhalten der Mitarbeiter zu bringen. In der Praxis sieht das fast immer ganz anders aus, und man sollte den Infotyp 0017 nur als grobe Richtlinie verstehen. Die Erfahrung zeigt, dass meist die zu bearbeitende Ausnahme die ständige Regel ist.

3.1.17 IT 0019 – Terminverfolgung

Ich habe den Infotyp 0018 nicht vergessen oder übersprungen. Er existiert nicht. Warum er nicht angelegt wurde oder ob es einmal einen gab, der dann deaktiviert wurde – ich habe es nicht herausfinden können. Daher kommen wir nun zum *Infotyp 0019 – Terminverfolgung*, siehe Abbildung 3.59. Dieser Infotyp wird meiner Meinung nach viel zu wenig verwendet. Er ist so aufgebaut, dass man sich ganz firmenspezifisch viele eigene Terminarten hinterlegen und dann in regelmäßigen Abständen der Personalabteilung eine Übersicht vorlegen kann, welche wichtigen Termine in den nächsten Tagen anstehen.

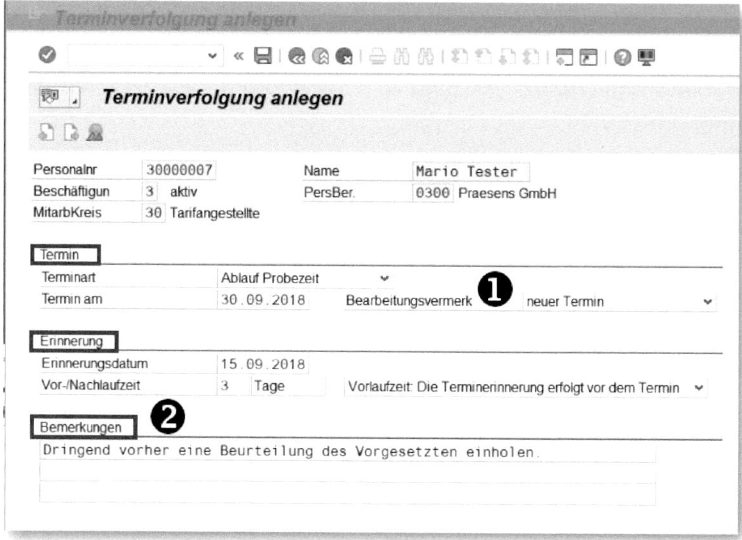

Abbildung 3.59: Infotyp 0019 – Terminverfolgung

Ob es nun die Erinnerung ist, dass beim Mitarbeiter A die Probezeit abläuft oder dass ein Personalgespräch ansteht, all diese Terminarten können, wenn nicht bereits im Standard vorhanden, als Subtypen, siehe Abschnitt 3.1, vom Systembetreuer eingepflegt werden.

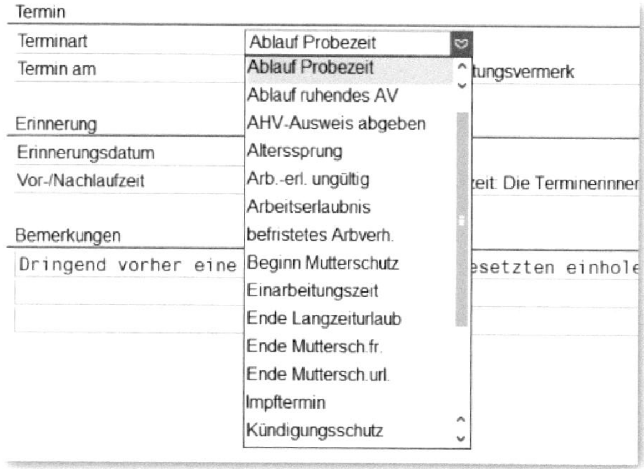

Abbildung 3.60: Terminarten im IT 0019

Der Termin kann auch in verschiedenen Status geführt werden. Der BEARBEITUNGSVERMERK ❶ ist standardmäßig als *In Arbeit*, *neu* oder *erledigt* hinterlegt. Auch hier sind eigene Abstufungen möglich, wie Abbildung 3.61 zeigt.

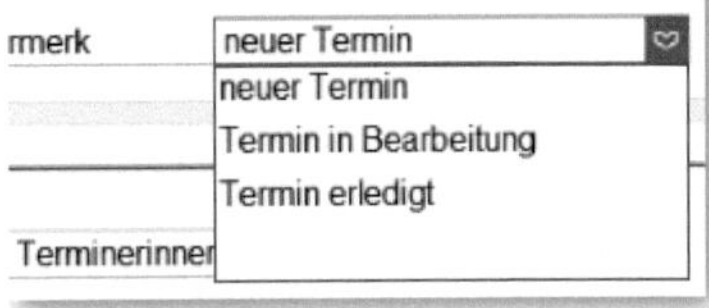

Abbildung 3.61: Status »Termin« im IT 0019

Auch bei der Form der Erinnerung kann es unterschiedliche Vorgehensmuster geben. Sie können sich fix an einem bestimmten Datum erinnern lassen, oder Sie wählen für sich eine Vorlaufzeit von drei Tagen vor dem eigentlichen Erinnerungstermin (siehe Abbildung 3.62). Alles ist hier individuell möglich.

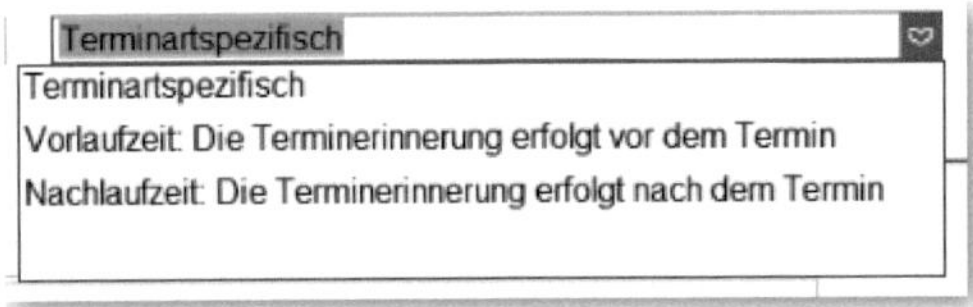

Abbildung 3.62: Mögliche Terminerinnerungen

Der Bereich BEMERKUNGEN ❷ ist für den Sachbearbeiter ebenso wichtig wie für einen Stellvertreter, der vielleicht einen Termin für seinen abwesenden Kollegen wahrnehmen muss. Der Hinweis auf den Anlass für einen Termin, der nicht nur Wochen oder Monate, sondern vielleicht zwei Jahre im Voraus geplant wurde, kann hier sehr hilfreich sein.

Was bedeutet nun »sich erinnern lassen« im SAP-Standard? Schön wäre es natürlich, wenn man eine E-Mail in seinem Mail-Programm vorfinden würde, die – mit allen Informationen versehen – pünktlich an den Termin erinnert. Das ist technisch natürlich möglich, im Standard jedoch hat SAP sich (vor sehr langer Zeit) gedacht, einen Report zu programmieren, der eine Liste erzeugt, in der die Termine aufgeführt sind (siehe Abbildung 3.63). Das ist durchaus praktikabel, da es möglich ist, die Liste automatisch, zum Beispiel alle fünf Tage, zu erzeugen und der Personalabteilung zur Verfügung zu stellen.

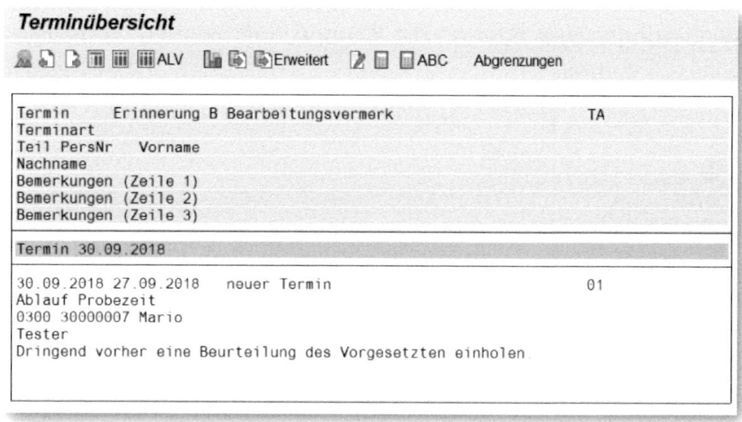

Abbildung 3.63: Terminliste aus IT 0019

Der Status sollte dann aber auch aktuell gepflegt sein, damit man die Ausgabe der Liste auf die Termine einschränken kann, die wirklich noch den Status *In Arbeit* oder *neu* haben.

3.1.18 IT 0020 – DEÜV

DEÜV ist die Abkürzung für die *Datenerfassungs- und -übermittlungsverordnung,* eine Verordnung über die Erfassung und Übermittlung von Daten für die Träger der Sozialversicherung. Im Infotyp 0020, siehe Abbildung 3.64, tragen Sie die notwendigen Tätigkeits- und Berufsschlüssel ein, die für die Meldung an den Sozialversicherungsträger notwendig sind. Bei der ersten Bearbeitung dieses Infotyps ist es ratsam, erfahrene Kollegen nach den im Unternehmen gebräuchlichen Schlüsseln zu fragen, damit es bei den Meldungen an den Sozialversicherungsträger oder an die Knappschaft nicht zu vermeidbaren Konflikten kommt.

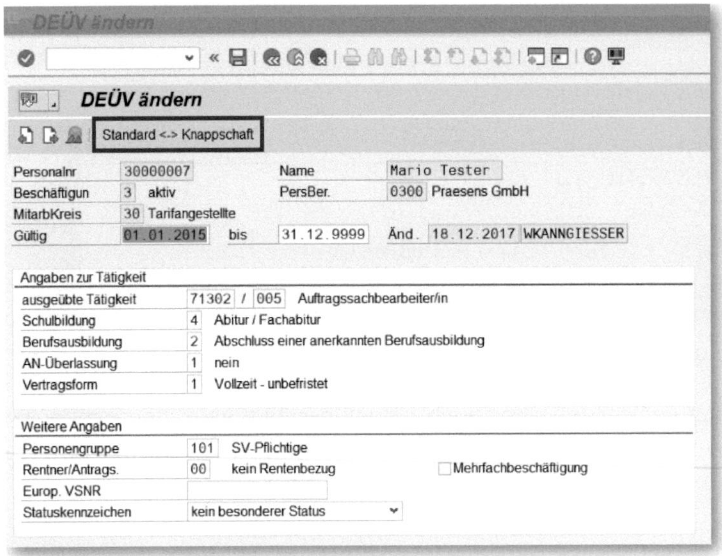

Abbildung 3.64: IT 0020 – DEÜV

Sollten Sie in einem Betrieb arbeiten, der auch an die Knappschaft melden muss, können Sie in der oberen Ansicht vom STANDARD- zum KNAPPSCHAFTS-DEÜV wechseln (siehe Abbildung 3.65).

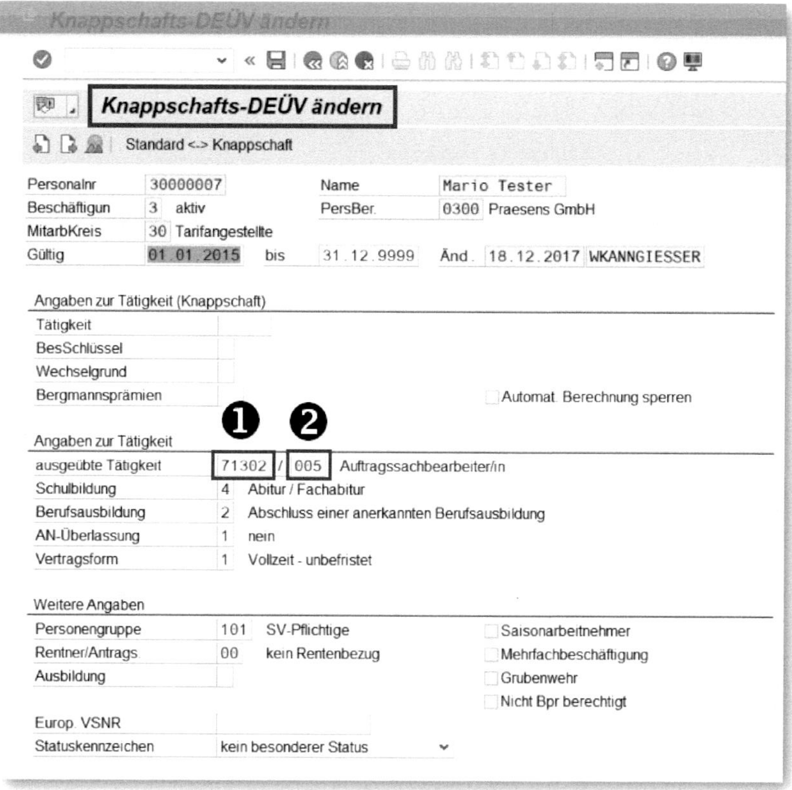

Abbildung 3.65: IT 0020 – Knappschafts-DEÜV

Die hinterlegten Schlüssel für die TÄTIGKEIT ❶ und Berufsbezeichnung ❷ sind vorgeschrieben und müssen vom Systemadministrator immer auf dem neuesten Stand gehalten werden. Die weiteren Angaben, wie SCHULBILDUNG, BERUFSAUSBILDUNG, ANGABEN ZUR ARBEITNEHMERÜBERLASSUNG und VERTRAGSFORM, sind in den Auswahltabellen überschaubar und leicht auszuwählen. Das Gleiche gilt für den Bereich WEITERE ANGABEN, hier sollten Sie als Personaler keine Schwierigkeiten haben, den richtigen Eintrag zu finden.

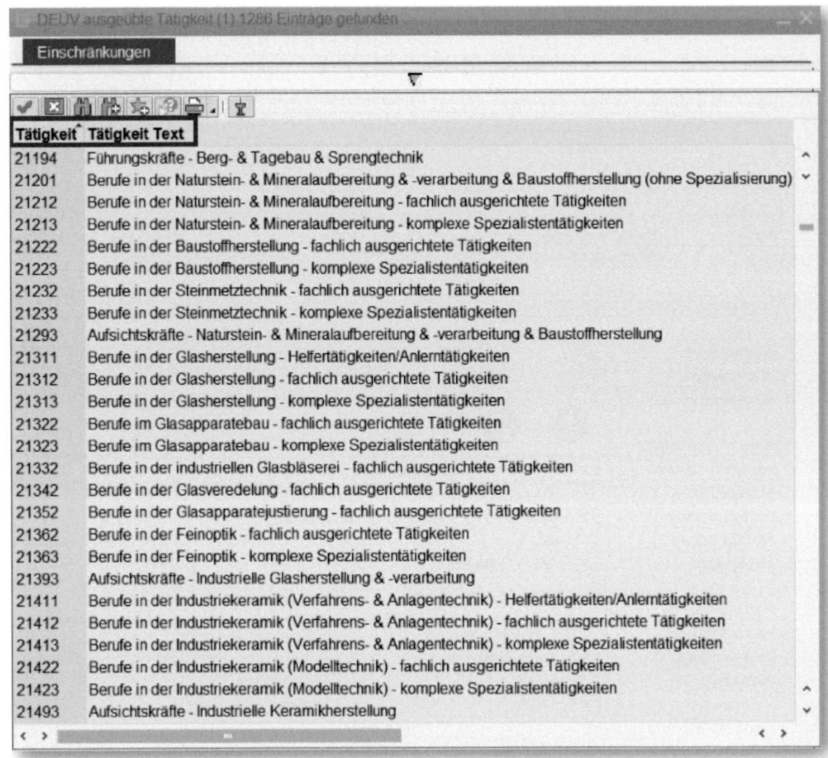

Tätigkeit	Tätigkeit Text
21194	Führungskräfte - Berg- & Tagebau & Sprengtechnik
21201	Berufe in der Naturstein- & Mineralaufbereitung & -verarbeitung & Baustoffherstellung (ohne Spezialisierung)
21212	Berufe in der Naturstein- & Mineralaufbereitung - fachlich ausgerichtete Tätigkeiten
21213	Berufe in der Naturstein- & Mineralaufbereitung - komplexe Spezialistentätigkeiten
21222	Berufe in der Baustoffherstellung - fachlich ausgerichtete Tätigkeiten
21223	Berufe in der Baustoffherstellung - komplexe Spezialistentätigkeiten
21232	Berufe in der Steinmetztechnik - fachlich ausgerichtete Tätigkeiten
21233	Berufe in der Steinmetztechnik - komplexe Spezialistentätigkeiten
21293	Aufsichtskräfte - Naturstein- & Mineralaufbereitung & -verarbeitung & Baustoffherstellung
21311	Berufe in der Glasherstellung - Helfertätigkeiten/Anlerntätigkeiten
21312	Berufe in der Glasherstellung - fachlich ausgerichtete Tätigkeiten
21313	Berufe in der Glasherstellung - komplexe Spezialistentätigkeiten
21322	Berufe im Glasapparatebau - fachlich ausgerichtete Tätigkeiten
21323	Berufe im Glasapparatebau - komplexe Spezialistentätigkeiten
21332	Berufe in der industriellen Glasbläserei - fachlich ausgerichtete Tätigkeiten
21342	Berufe in der Glasveredelung - fachlich ausgerichtete Tätigkeiten
21352	Berufe in der Glasapparatejustierung - fachlich ausgerichtete Tätigkeiten
21362	Berufe in der Feinoptik - fachlich ausgerichtete Tätigkeiten
21363	Berufe in der Feinoptik - komplexe Spezialistentätigkeiten
21393	Aufsichtskräfte - Industrielle Glasherstellung & -verarbeitung
21411	Berufe in der Industriekeramik (Verfahrens- & Anlagentechnik) - Helfertätigkeiten/Anlerntätigkeiten
21412	Berufe in der Industriekeramik (Verfahrens- & Anlagentechnik) - fachlich ausgerichtete Tätigkeiten
21413	Berufe in der Industriekeramik (Verfahrens- & Anlagentechnik) - komplexe Spezialistentätigkeiten
21422	Berufe in der Industriekeramik (Modelltechnik) - fachlich ausgerichtete Tätigkeiten
21423	Berufe in der Industriekeramik (Modelltechnik) - komplexe Spezialistentätigkeiten
21493	Aufsichtskräfte - Industrielle Keramikherstellung

Abbildung 3.66: Tätigkeitsschlüssel im IT 0020 – DEÜV

In der Tabelle »Tätigkeitsschlüssel«, siehe Abbildung 3.66, gibt es mehr als 1200 Einträge, aus denen Sie wählen können. Bei den Berufsbezeichnungen, siehe Abbildung 3.67, sind es knapp 5000.

Da kann man sich schon mal schnell den falschen Eintrag aussuchen. Also besser vorher informieren, was in Ihrem Unternehmen üblich ist!

DEÜV Berufsbezeichnung (1) 34 Einträge gefunden

Einschränkungen

ausgeübte Tätigkeit: 71302

Beruf	Berufsbezeichnung (Text)
001	Assistent/in - Handwerk
002	Assistent/in - Internationale Betriebswirtschaft
003	Assistent/in - betriebswirtschaftlich
004	Auftragsbearbeiter/in
005	Auftragssachbearbeiter/in
006	Betriebsassistent/in
007	Betriebsassistent/in - Handwerk
008	Betriebskaufmann/-frau
009	Betriebswirt/in (Abi-Ausbildung)
010	Betriebswirtschaftliche/r Assistent/in
011	Industriekaufmann/-frau
012	Innendienstmitarbeiter/in
013	Innendienstsachbearbeiter/in
014	Kaufmännisch-technische/r Assistent/in
015	Kaufmännische/r Angestellte/r

Abbildung 3.67: Berufsbezeichnung im IT 0020 – DEÜV

3.1.19 IT 0021 – Familie/Bezugsperson

Dieser Infotyp wird nicht immer verwendet. Die Gründe hierfür sind unterschiedlich. Mal ist das Argument für die Nichtbenutzung der Datenschutz, mal der hohe Pflegeaufwand. In größeren Unternehmen wird er häufiger eingesetzt als in kleinen und mittelständischen Unternehmen. Wird der Infotyp 0021 gepflegt, werden die Familienmitglieder und Bezugspersonen nach sogenannten *Beziehungsgraden* unterschieden, siehe Abbildung 3.69. Im SAP-Fachjargon werden diese Beziehungsgrade natürlich wiederum als »Subtyp«, siehe Abschnitt 3.1, bezeichnet. Welche Subtypen im IT 0021 angeboten werden, zeigt Abbildung 3.68.

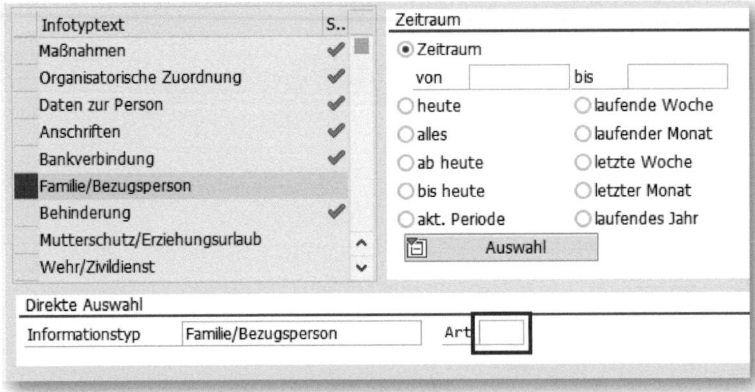

Abbildung 3.68: Auswahl von Subtypen im IT 0021

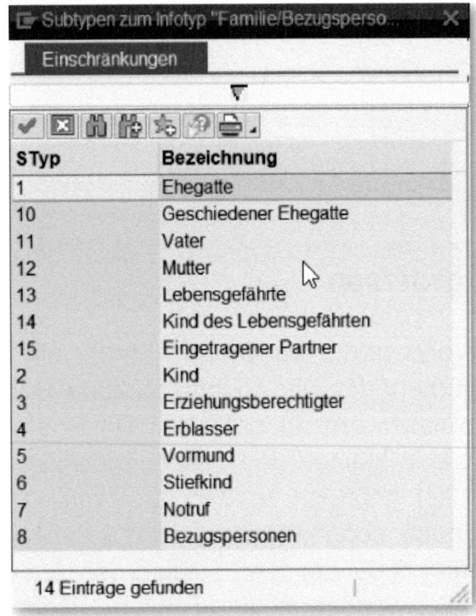

STyp	Bezeichnung
1	Ehegatte
10	Geschiedener Ehegatte
11	Vater
12	Mutter
13	Lebensgefährte
14	Kind des Lebensgefährten
15	Eingetragener Partner
2	Kind
3	Erziehungsberechtigter
4	Erblasser
5	Vormund
6	Stiefkind
7	Notruf
8	Bezugspersonen

14 Einträge gefunden

Abbildung 3.69: Beziehungsgrade im IT 0021

Da in diesem Infotyp bei aktiver Nutzung meist mehrere Einträge hinterlegt sind, ist es empfehlenswert, nach Aufruf des Infotyps die Übersicht zu wählen. Hier klicken Sie doppelt auf den Subtyp, den Sie sehen oder bearbeiten wollen. Im Beispiel, siehe Abbildung 3.70, sehen wir die Ehefrau und zwei Kinder.

Familie/Bezugsperson Liste

Personalnr	30000007	Name	Mario Tester
Beschäftigun	3 aktiv	PersBer.	0300 Praesens GmbH
MitarbKreis	30 Tarifangestellte		
Auswahl	01.01.1800 bis 31.12.9999	Art	

Art	Bezeichnung	Nr	G	Nachname	Vorname	GebDatum	Nat	Geburtsort
1	Ehegatte		W	Tester	Renate	14.08.1988	DE	Au i.d. Hallertau
2	Kind	01	W	Tester	Emma	14.08.2010	DE	München
2	Kind	02	M	Tester	Maximilian	12.07.2011	DE	München

Abbildung 3.70: Infotyp 0021 – Übersichtsanzeige

Je nach Art der Beziehung unterscheiden sich die Subtypen dieses Infotyps. Wenn wir uns den Subtyp EHEGATTE ansehen, erkennen wir Datenfelder, die wir aus *Infotyp 0002 – Daten zur Person*, siehe Abschnitt 3.1.1, kennen. Die Pflege dieser Datenfelder stellt sicher, dass bei automatisierter Korrespondenz die richtige Anrede verwendet wird.

Familie/Bezugsperson ändern

Personalnr	30000007	Name	Mario Tester
Beschäftigun	3 aktiv	PersBer.	0300 Praesens GmbH
MitarbKreis	30 Tarifangestellte		
Gültig	08.08.2008 bis 31.12.9999	Änd.	18.01.2018 WKANNGIESSER

Angaben zur Person

Mitglied	1 Ehegatte		
Nachname	Tester	Geburtsname	Schneider
Vorname	Renate	Titel	
Geschlecht	weiblich	Vorsatzwort	
Geburtsdatum	14.08.1988	Zusatzwort	
Geburtsort	Au i.d. Hallertau	Nationalität	DE deutsch
Geburtsland	DE Deutschland	weitere Nat.	
AG-Adresse			
PersNr			

Abbildung 3.71: IT 0021 – Subtyp »Ehegatte«

Wenn der Ehegatte im gleichen Unternehmen wie der Mitarbeiter tätig ist, können Sie im Datenfeld AG-ADRESSE den Personalbereich und den Personalteilbereich sowie im nächsten Datenfeld PERSNR. die Personalnummer des Ehegatten hinterlegen.

Bei Kindern sieht der Subtyp etwas anders aus, siehe Abbildung 3.72. Das Datenfeld PERSNR. ist wieder für den Fall vorgesehen, dass das Kind im selben Unternehmen arbeitet.

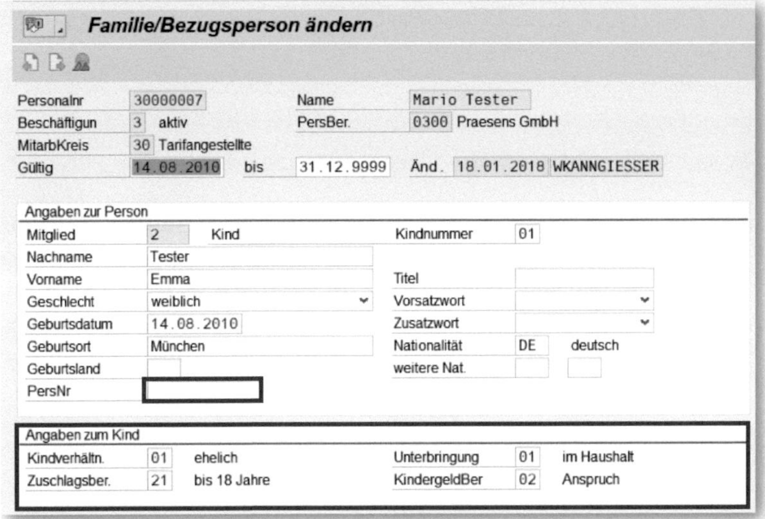

Abbildung 3.72: IT 0021 – Subtyp »Kind«

Bei den Angaben zum Kind können noch weitere Parameter hinterlegt werden. Im Datenfeld KINDVERHÄLTN. sind im Standard folgende Parameter vorgegeben:

- ehelich,
- Stiefkind,
- Pflegekind,
- Geschwisterkind.

Im Datenfeld ZUSCHLAGSBER. (Zuschlagsberechtigung) weisen Sie den Schlüssel zu, der angibt, ob der Angestellte Anspruch auf einen Ortszuschlag für das Kind hat, oder Sie geben an, ob das Kind ein sogenanntes *Zählkind* ist. Diese Information ist wichtig, wenn unterschiedliche Datensätze als Grundlage für den Berechtigungsanspruch eines Ortszuschlages verwendet werden. Im Datenfeld UNTERBRINGUNG wird hinterlegt, wo das Kind untergebracht ist. Hier sind im Standard diese Angaben angelegt:

- im Haushalt,
- anderer Elternteil,
- anderw. Unterbringung.

Im Datenfeld KINDERGELDBER (Kindergeldberechtigung) erfassen Sie, ob ein Anspruch auf Kindergeld besteht.

3.1.20 IT 0022 – Ausbildung

Die Information über die Ausbildung eines Mitarbeiters wird meist bei dessen Einstellung in diesem Infotyp hinterlegt (siehe Abbildung 3.73). Die Angaben ermöglichen eine Auswertung über alle Mitarbeiter, etwa, wer alles eine Ausbildung zum Informatiker oder Physiker hat.

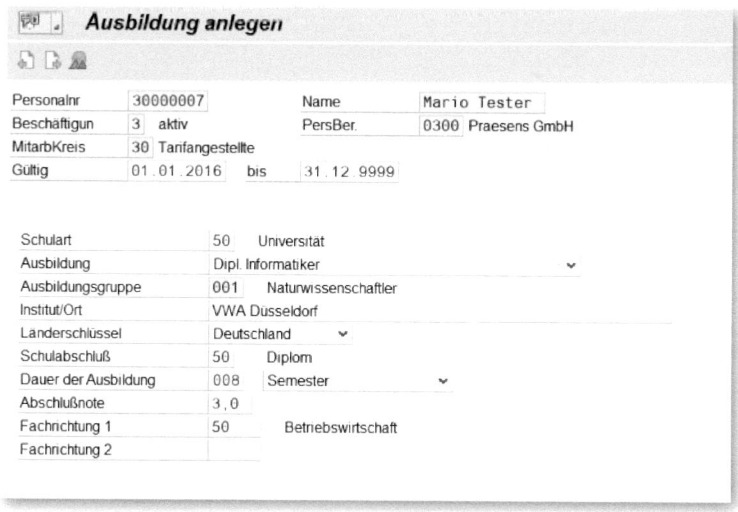

Ausbildung anlegen

Personalnr	30000007	Name	Mario Tester
Beschäftigun	3 aktiv	PersBer.	0300 Praesens GmbH
MitarbKreis	30 Tarifangestellte		
Gültig	01.01.2016	bis	31.12.9999

Schulart	50	Universität
Ausbildung	Dipl. Informatiker	
Ausbildungsgruppe	001	Naturwissenschaftler
Institut/Ort	VWA Düsseldorf	
Länderschlüssel	Deutschland	
Schulabschluß	50	Diplom
Dauer der Ausbildung	008	Semester
Abschlußnote	3,0	
Fachrichtung 1	50	Betriebswirtschaft
Fachrichtung 2		

Abbildung 3.73: Infotyp 0022 – Ausbildung

Die Vorschlagswerte für die Datenfelder SCHULART, AUSBILDUNG, AUSBILDUNGSGRUPPE, SCHULABSCHLUSS und FACHRICHTUNG sind im SAP-Standard nur rudimentär gepflegt. Wird dieser Infotyp in Ihrem Unternehmen ständig genutzt, sind die Vorschlagswerte in den Tabellen mit Sicherheit vom Systembetreuer auf Ihr Unternehmen abgestimmt erweitert worden. Es kann aber durchaus vorkommen, dass dieser Infotyp nicht verwendet wird. Dann ist es wahrscheinlich, dass die Ausbildung im sogenannten *Qualifikationskatalog* als Bestandteil des Organisationsmanagements gepflegt und ausgewertet wird.

3.1.21 IT 0023 – Andere/frühere Arbeitgeber

Auch dieser Infotyp, siehe Abbildung 3.74, wird relativ selten eingesetzt. Einige Unternehmen speichern hier eine Art beruflichen Werdegang des Mitarbeiters.

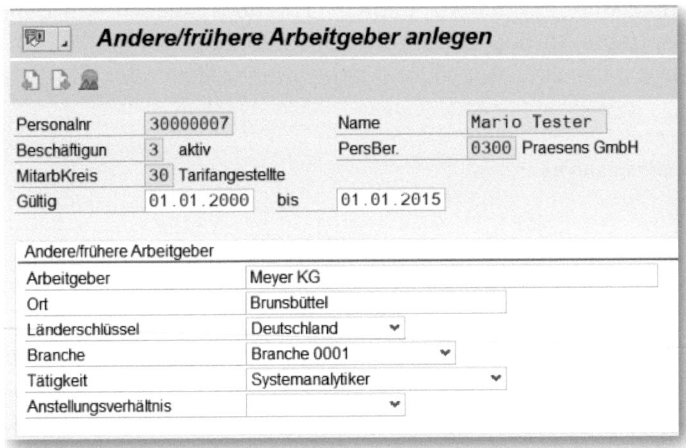

Abbildung 3.74: Infotyp 0023 – Andere/frühere Arbeitgeber

Will man diesen Infotyp für Auswertungen verwenden, ist eine Erweiterung der Vorschlagstabellen für die Datenfelder BRANCHE, TÄTIGKEIT und ANSTELLUNGSVERHÄLTNIS durch den Systembetreuer erforderlich.

3.1.22 IT 0024 – Qualifikationen

Wir haben es hier mit einem speziellen Infotyp zu tun. Er ist eigentlich kein »echter« Infotyp, dient aber in der Personalstammdatenbearbeitung zur Anlage von Informationen zu den Themen Ausbildung, Zielvereinbarungen, Beurteilungen, Qualifikationen, Potenzialen, Interessen und Abneigungen.

Voraussetzungen für den IT 0024

Dieser Infotyp funktioniert nur, wenn im SAP HCM ein Organisationsmanagement eingerichtet ist. Aktiv müssen die strategischen Themen »Organisationsstruktur«, »Qualifikationskatalog«, »Laufbahnplanung«, »Zielvereinbarungen« und »Beurteilungen« gepflegt sein. Planstellen und Stellen sind die Objekte im Organisationsmanagement, siehe Abschnitt 1.3.1, die mit Qualifikationen verknüpft werden können. Den aktuellen Funktionsumfang des Organisationsmanagements in Ihrem Unternehmen erfragen Sie am besten beim Betreuer dieser Komponente. Nicht alle Funktionen müssen eingerichtet sein. Oft werden Zielvereinbarungen und Beurteilungen mit externen Tools durchgeführt.

In diesem Infotyp werden Ihnen sehr viele Informationen angeboten. Eine Karteireiterstruktur soll hier Ordnung schaffen (siehe Abbildung 3.75).

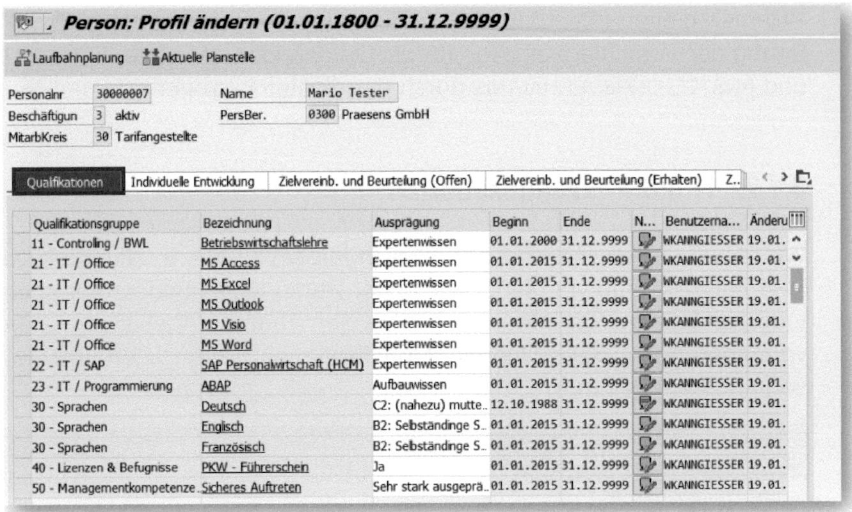

Abbildung 3.75: Ansicht IT 0024 – Qualifikationen

Wie bereits aus anderen Infotypen bekannt, klickt man sich durch diese Vielzahl an Informationen, indem man die einzelnen Reiter aufruft. Abbildung 3.76 zeigt alle zur Verfügung stehenden Themen.

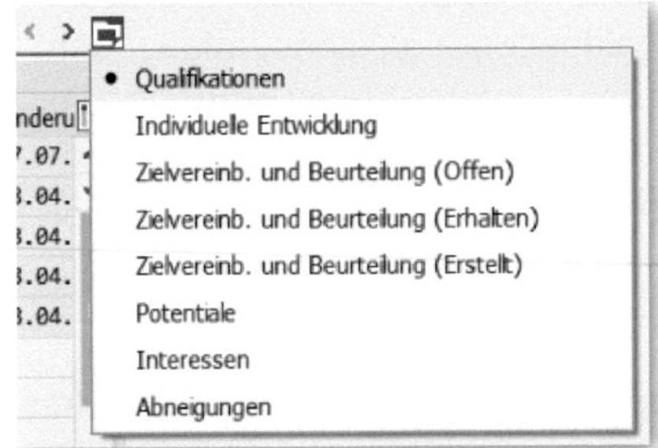

Abbildung 3.76: Reiterstruktur im IT 0024

Die Pflege der Qualifikationen setzt die Einrichtung eines *Qualifikationskataloges*, siehe Abbildung 3.78, voraus. Dieser Katalog wird meist von den Kollegen eingerichtet, die für die *Personalentwicklung* im Unternehmen zuständig sind. Die Einrichtung von Qualifikationen im Kontext des Organisationsmanagements hat eine »einfache«

Funktion: Wird eine Qualifikation mit einer Person verknüpft, handelt es sich um eine Fähigkeit oder Ausbildung, die die Person mitgebracht oder sich im Laufe ihrer Beschäftigung im Unternehmen angeeignet hat. Verknüpft man die Qualifikation jedoch mit einer Stelle oder Planstelle, siehe Abschnitt 1.3.1, wird eine Anforderung daraus. So kann der Kollege, der für Neueinstellungen oder interne Neubesetzungen verantwortlich ist, die Qualifikationen des Bewerbers oder des internen Bewerbers mit den Anforderungen der Stelle oder Planstelle abgleichen (siehe Abbildung 3.77).

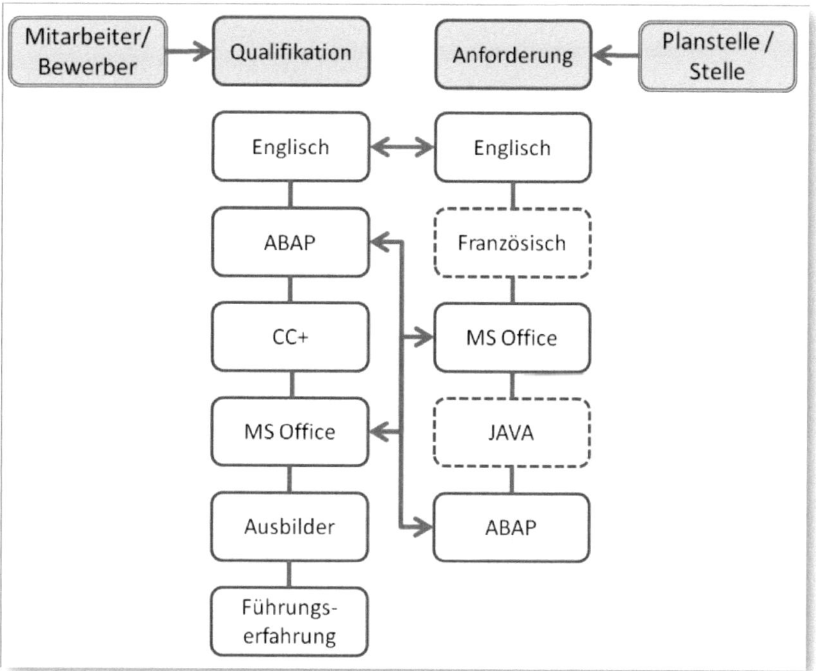

Abbildung 3.77: Qualifikationsabgleich

Daraus kann er sich ein Ranking von mehreren Bewerbern erstellen. So ist er in der Lage, dem Planstellenverantwortlichen die am besten geeigneten Vorschläge zur Besetzung der vakanten Planstelle zu unterbreiten. Der Mitarbeiter oder Bewerber in unserem Beispiel, siehe Abbildung 3.77, hat wohl geringe Chancen, die Planstelle zu erhalten. Er bringt zwar einige passende Qualifikationen mit, jedoch kann er keine Java-Programmierung, und bei den Sprachen fehlt ihm Französisch.

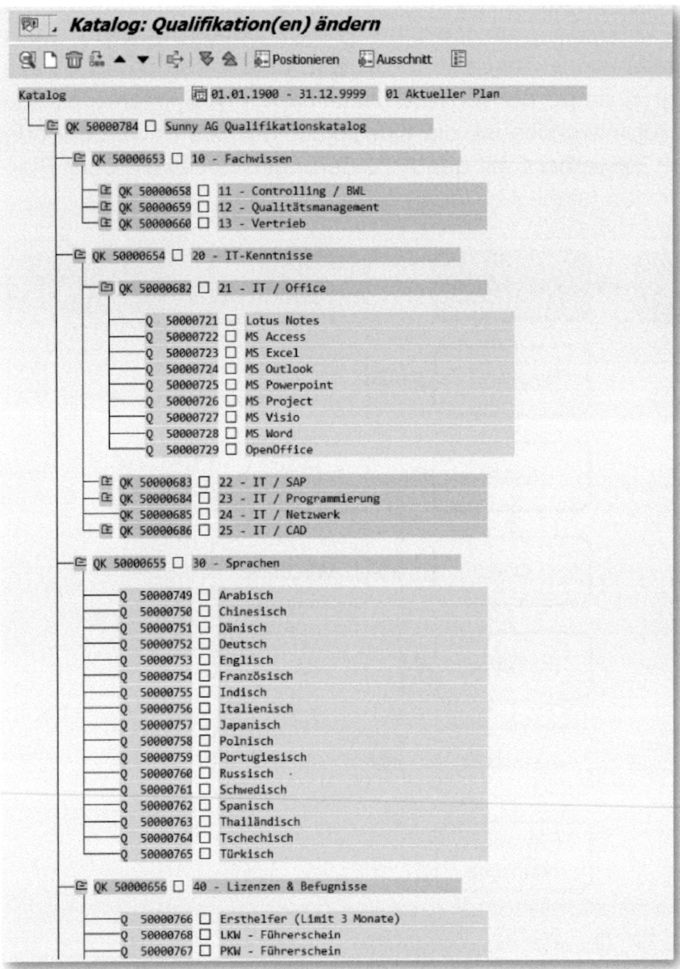

Abbildung 3.78: Qualifikationskatalog

Der Abgleich zwischen den Anforderungen und Qualifikationen kann noch verfeinert werden, indem zusätzlich eine AUSPRÄGUNG, siehe Abbildung 3.79, hinterlegt wird.

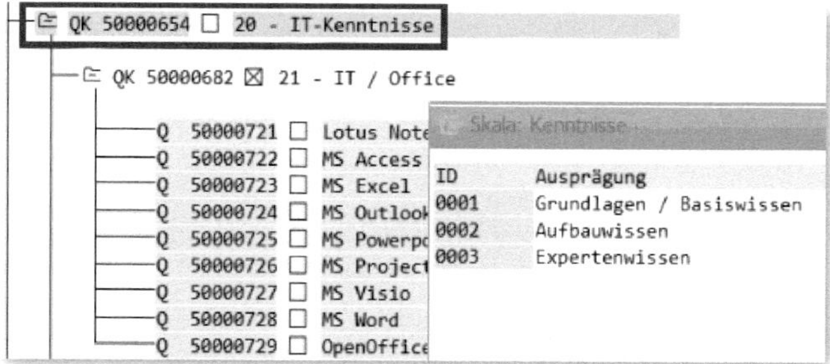

Abbildung 3.79: Ausprägung am Beispiel »IT-Kenntnisse«

Werden in der Anforderung Kenntnisse in ABAP mit der Ausprägung EXPERTENWISSEN gefordert und der Bewerber verfügt in diesem Bereich nur über GRUNDLAGEN/BASISWISSEN, sieht es mit dessen Bewerbung schlecht aus.

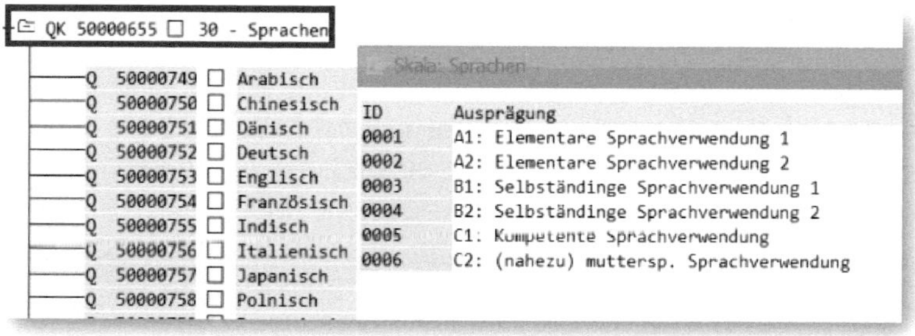

Abbildung 3.80: Ausprägung am Beispiel »Sprachen«

Wenn in den Anforderungen bei der Sprache Englisch KOMPETENTE SPRACHVERWENDUNG, siehe Abbildung 3.80, verlangt wird, sollte der Bewerber ausgezeichnete Englischkenntnisse in Wort und Schrift mitbringen. Dann klappt es auch mit der Bewerbung viel besser. Die Ausprägungen sind frei einstellbar und können vom Systembetreuer in Text und Anzahl der Ausprägungsstufen individuell eingerichtet werden. In der Katalogansicht (Abbildung 3.78) kommen Sie auf die Ausprägungen, indem Sie ein Element markieren und in der oberen Leiste auf EINTRAG klicken, siehe Abbildung 3.81. Im sich öffnenden Kontextmenü klicken Sie auf SKALA ANZEIGEN, und schon werden für dieses Element die Ausprägungsstufen angezeigt.

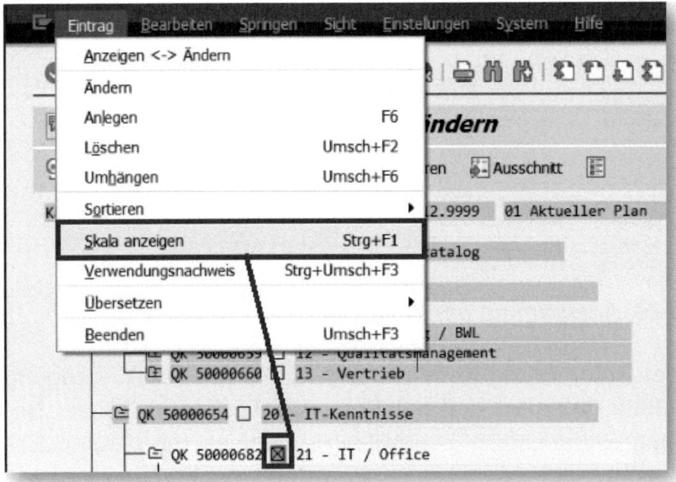

Abbildung 3.81: Qualifikationskatalog – Sicht auf Ausprägung

Änderungen oder neue Einträge im Qualifikationskatalog sind für den Personalsachbearbeiter meistens nicht möglich. Wenden Sie sich in diesem Fall an den Systembetreuer, er wird die erforderlichen Berechtigungen für eine Bearbeitung des Katalogs haben.

Änderungen im Qualifikationskatalog

Änderungen in diesem Katalog sollten nicht spontan und ohne Rücksprache mit den Verantwortlichen durchgeführt werden. Diverse Prozesse, wie die Nachfolgeplanung oder Personalbeschaffung, fragen in verschiedenen Auswertungen und technischen Prozessen Einträge an den Objekten »Person«, »Bewerber«, »Stelle« und »Planstelle« ab. In diesen Reports müssten Änderungen ggf. berücksichtigt werden.

Wenn wir nun auf den Reiter INDIVIDUELLE ENTWICKLUNG klicken, siehe Abbildung 3.82, wird eine weitere interessante Funktion sichtbar.

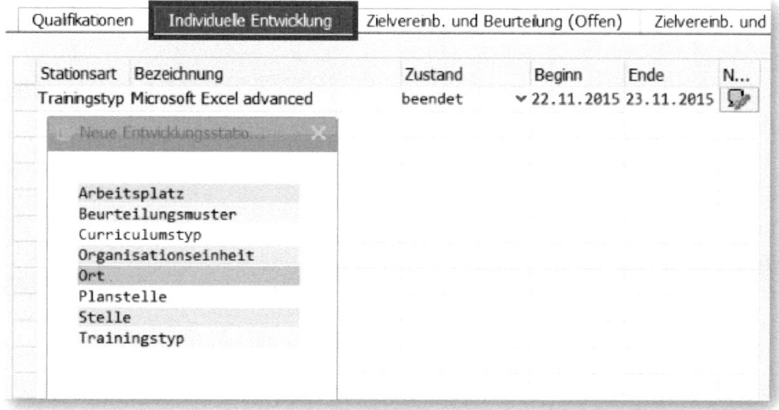

Abbildung 3.82: Entwicklungsstationen im IT 0024

Eine Grundfunktion hier ist das Hinterlegen von *Trainingstypen*, die der Mitarbeiter durchlaufen soll oder bereits erhalten hat. In unserem Beispiel handelt es sich um eine Excel-Schulung, die bereits stattgefunden hat und den Status BEENDET anzeigt. Die Personalentwicklung muss, wenn diese Funktion genutzt wird, einen Trainingskatalog hinterlegen. Das können interne Trainings, aber auch externe Schulungen sein. Die Idee dahinter ist einfach: Der Vorgesetzte stellt in der Beurteilung eines Mitarbeiters fest, dass ein Schulungsbedarf für zum Beispiel ABAP-Programmierung vorliegt. Ist ein TRAININGSTYP *ABAP-Programmierung* vorhanden, kann er in der Mitarbeiterbeurteilung dieses Training anfordern. Dieser Eintrag ist für die Kollegen in der Personalentwicklung auswertbar, und Sie können für den Mitarbeiter eine Schulung arrangieren. Hat der Mitarbeiter die Schulung dann erfolgreich absolviert, wird dies in einer Zustandsmeldung als *erledigt* bzw. *beendet* vermerkt. Hat er sich mit dieser Schulung eine weitere Qualifikation erarbeitet, wird in den Qualifikationen des Mitarbeiters zum Beispiel *ABAP-Programmierung Fortgeschrittene* hinzugefügt.

FÜR ZIELVEREINBARUNGEN UND BEURTEILUNGEN sind die nächsten drei Reiter vorgesehen, siehe Abbildung 3.76. Sie unterscheiden sich nach

- Offen,
- Erhalten,
- Erstellt.

Mit OFFEN ist gemeint, dass der Mitarbeiter als Vorgesetzter einen unterstellten Mitarbeiter beurteilt hat. Im Reiter ERHALTEN sind die eigenen Beurteilungen hinterlegt. Hier ist der Mitarbeiter selbst von seinem Vorgesetzten beurteilt worden. Im Reiter ERSTELLT findet man eine Zusammenfassung der Beurteilungen.

Der nächste Reiter POTENTIALE, siehe Abbildung 3.83, führt uns zur Pflege von Potenzialen und ist natürlich nur dann sinnvoll, wenn die Personalentwicklung zusammen mit den Führungskräften diese Funktion für die strategische Planung nutzt, wie etwa für eine Laufbahnplanung. Es muss also »gelebt« werden, dass man einen Mitarbeiter gezielt auf seine Eignung hin prüft und ihn dann für eine PLANSTELLE vorsieht, die er nach dem Erwerb von verschiedenen Qualifikationen besetzen könnte. Dabei kann es sich auch um ein Potenzial für eine STELLE (also eine Funktion) handeln, das in verschiedenen Planstellen im Unternehmen gefragt ist.

Die Idee dahinter ist leicht zu beschreiben: Wird im Unternehmen eine Planstelle vakant und muss neu besetzt werden, kann die Personalentwicklung auswerten, wer das Potenzial für diese Planstelle hat, und qualifizierte Vorschläge für die Besetzung machen. Bei jeder Betrachtung eines Mitarbeiters sollten neben Qualifikationen, Beurteilungen und Laufbahnplanung auch INTERESSEN und ABNEIGUNGEN – also die nächsten Reiter – berücksichtigt werden. Im Beispiel, siehe Abbildung 3.84, wurde hinterlegt, dass der Mitarbeiter Interesse an einem Studium (hier: Betriebswirtschaftslehre) hat.

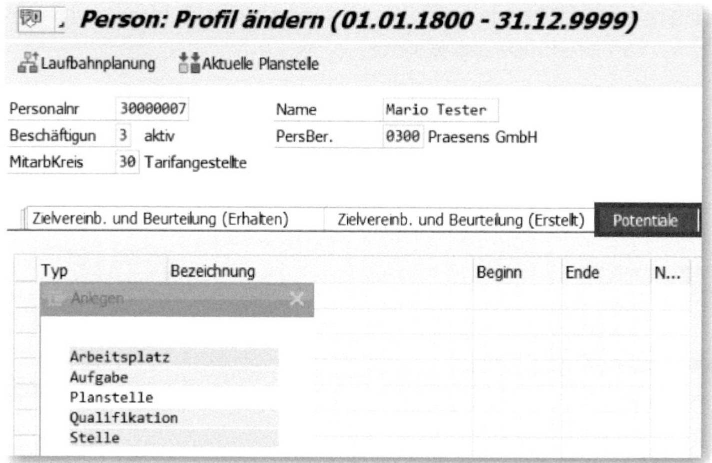

Abbildung 3.83: Reiter »Potentiale« im Infotyp 0024

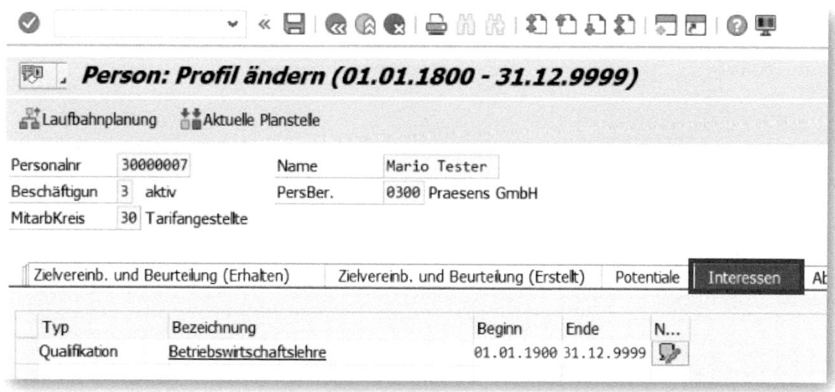

Abbildung 3.84: Reiter »Interessen« im Infotyp 0024

Es ist immer gut, Mitarbeiter mit Weiterbildungsabsichten zu haben. Nehmen wir einmal an, man möchte dem Mitarbeiter ein gefördertes Studium ermöglichen. In einer Niederlassung knapp 300 Kilometer entfernt besteht die Möglichkeit, eine Universität oder Akademie zu besuchen und nebenbei weiter für das Unternehmen zu arbeiten. Bevor man dem Mitarbeiter dieses anbietet, schaut man in den Reiter

ABNEIGUNGEN, siehe Abbildung 3.85, ob hier etwas hinterlegt ist, was diesen Vorschlag beeinflussen könnte.

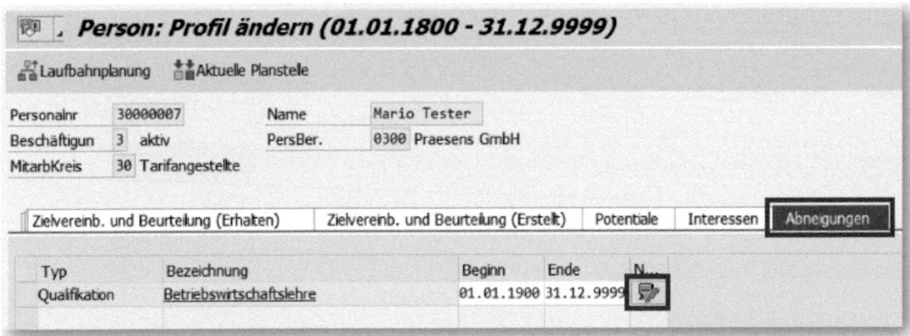

Abbildung 3.85: Reiter »Abneigungen« im Infotyp 0024

Tatsächlich ist in unserem Beispiel genau zu dem Thema *Betriebswirtschaftslehre* eine Abneigung hinterlegt. Mit einem Klick auf die NOTIZ sehen Sie, was für eine Abneigung das ist. Es öffnet sich ein Editor, der die hinterlegte Notiz anzeigt, siehe Abbildung 3.86. NICHT UMZUGSBEREIT ist hier natürlich das Aus für das Angebot an den Mitarbeiter.

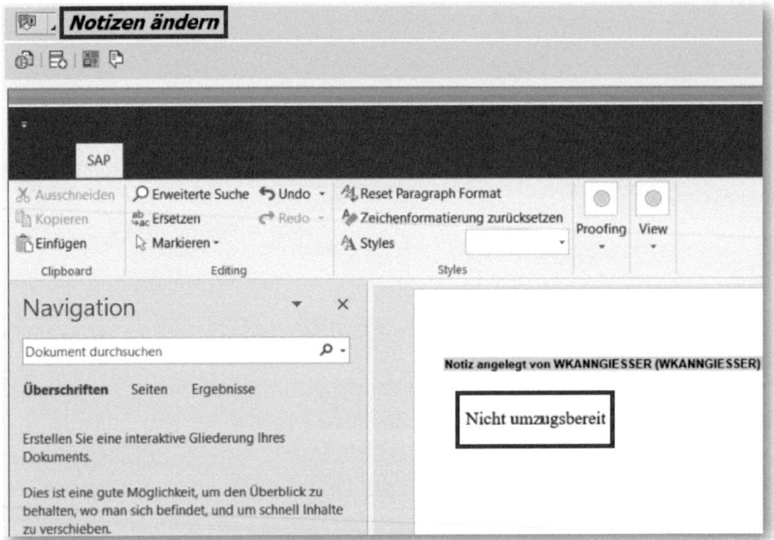

Abbildung 3.86: Reiter »Notizen« im Infotyp 0024

Der Infotyp 0024 stellt für den Personalentwickler ein Werkzeug dar, das für die strategische Personalplanung und -entwicklung unentbehrlich ist. Ist dieser Infotyp in Ihrem Unternehmen nicht oder nur rudimentär gepflegt, werden diese Informationen mit Sicherheit in anderen Tools hinterlegt und ausgewertet. Der nächste *Infotyp 0025 – Beurteilungen* ist ein nicht mehr genutzter Infotyp. Er wurde von SAP nicht gelöscht, aber so eingerichtet, dass er Sie direkt in die Anzeige des Infotyps 0024 führt.

3.1.23 IT 0026 – Direktversicherung

Nach unserem Ausflug in die Personalentwicklung kommen wir mit Infotyp 0026, siehe Abbildung 3.87, wieder zu einem abrechnungsrelevanten Infotyp. Die Direktversicherung wird meist mit einigen Versicherungspartnern abgeschlossen und dem Mitarbeiter bei der Einstellung angeboten. Als Direktversicherungen gelten Zahlungen an Versicherungsgesellschaften und Pensionskassen, für die die Möglichkeit zur Pauschalbesteuerung der Beiträge besteht. Die Versicherungsarten können unterschiedlich sein, folgende werden im Standard angeboten:

- Gruppenunfallversicherung,
- Lebensversicherung,
- Rentenversicherung mit Kapitalwahlrecht,
- Todesfallrisikoversicherungen,
- Unfallversicherung mit Prämienrückgewähr.

In Ihrem Unternehmen kann es andere Versicherungsarten geben. Bitte erkundigen Sie sich auch hier beim entsprechenden Kollegen.

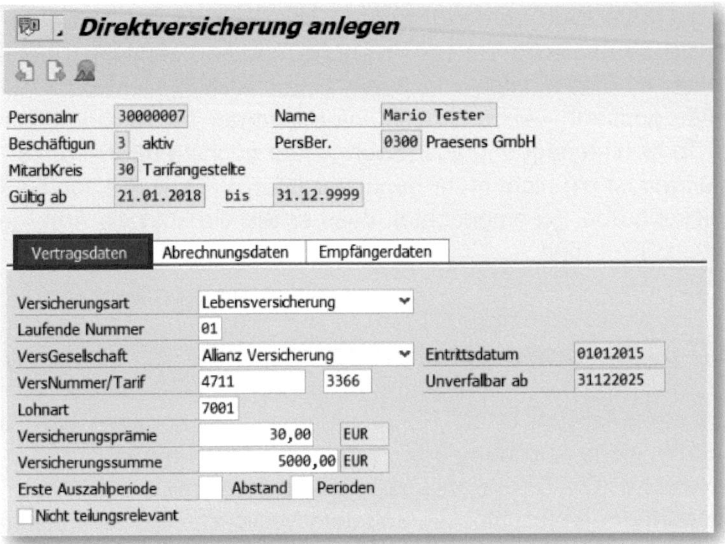

Abbildung 3.87: Infotyp 0026 – Direktversicherung

Sehen wir uns die Karteireiterstruktur an: Im Reiter VERTRAGSDATEN wird die Versicherung mit den erforderlichen Informationen hinterlegt. Das Datenfeld LAUFENDE NUMMER muss gepflegt werden, wenn für den Mitarbeiter mehrere Versicherungen abgeschlossen werden sollen. Die ABRECHNUNGSDATEN sind ebenfalls zu pflegen, um die Steuerpflicht oder eine Verbeitragung zur Sozialversicherung in diesem Infotyp zu hinterlegen (siehe Abbildung 3.88).

Bei den SONDERFÄLLEN kann man ein Kennzeichen setzen, ob die gesetzlichen Höchstgrenzen für pauschalsteuerfähige DV-Beiträge ignoriert werden sollen, etwa bei Abfindungen. Bei SV-FREI/ALTVERTRÄGE werden Verträge berücksichtigt, die vor 1981 abgeschlossen wurden und deswegen sozialversicherungsfrei sind.

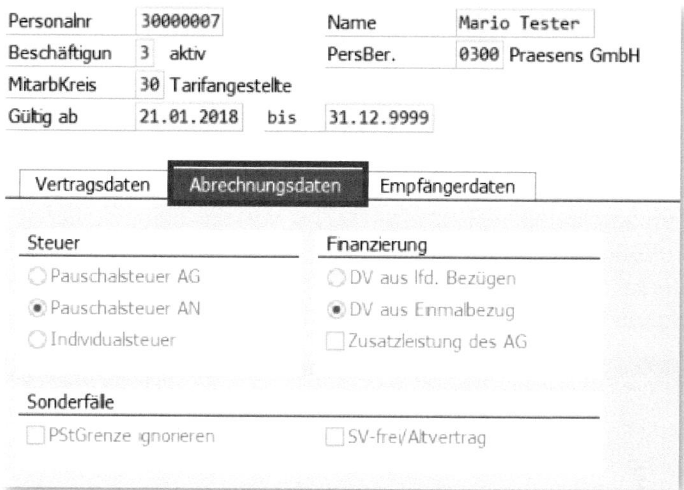

Abbildung 3.88: Abrechnungsdaten im IT 0026

Den Reiter für die EMPFÄNGERDATEN, siehe Abbildung 3.89, kennen wir schon aus dem Infotyp 0010 (Vermögensbildung), siehe Abbildung 3.39.

Vertragsdaten	Abrechnungsdaten	Empfängerdaten

Empfängerschlüssel	Allianz	
Empfänger	Allianzversicherung	
Postleitzahl	50012	Köln 1
Bankschlüssel	Deutschland	10020030 Deutsche Bank
Bankkonto	1232342342	
IBAN	DE3210020030342	
Zahlweg	Überweisung	
Verwendungszweck	LV	

Abbildung 3.89: Empfängerdaten im IT 0026

Wenn Sie selbst eine Direktversicherung anlegen, ist es auch bei diesem Infotyp ratsam, sich die Daten zu den unterschiedlichen Versicherungsarten bereits angelegter Mitarbeiter anzusehen und die Parameter entsprechend zu übernehmen.

3.1.24 IT 0027 – Kostenverteilung

Ein einfacher Infotyp, der schnell erklärt ist: Es gibt Mitarbeiter, die zwar auf einer Planstelle arbeiten, deren Kosten für Lohn oder Reisekosten aber von zwei oder mehreren Abteilungen zu unterschiedlichen Prozentsätzen übernommen werden. Die Kosten werden in der Regel auf unterschiedliche KOSTENSTELLEN verteilt, siehe Abbildung 3.90, in Großunternehmen auch auf AUFTRÄGE oder *PSP-Elemente*. (PSP-Elemente beschreiben entweder eine konkrete Aufgabe oder eine Teilaufgabe in einer Projektplanstruktur.)

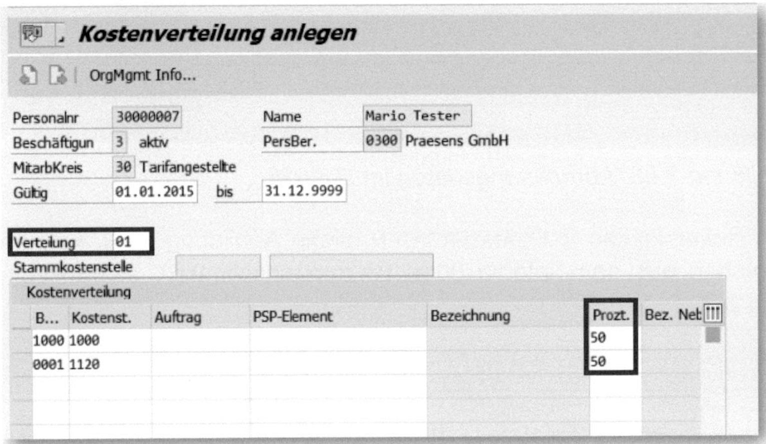

Abbildung 3.90: Infotyp 0027 – Kostenverteilung

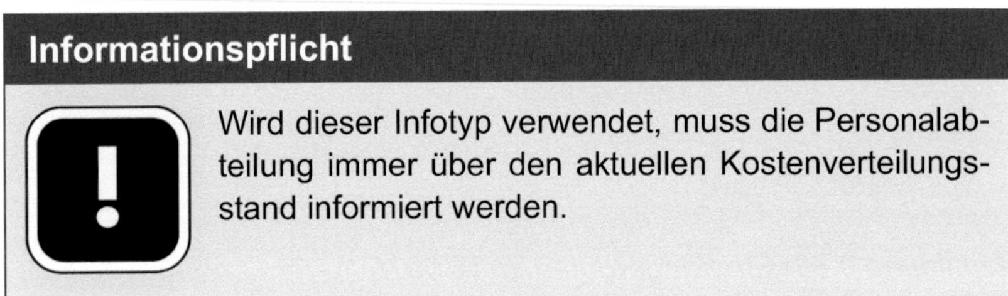

Informationspflicht

Wird dieser Infotyp verwendet, muss die Personalabteilung immer über den aktuellen Kostenverteilungsstand informiert werden.

3.1.25 IT 0028 – Werksärztlicher Dienst

Ich hatte in den mehr als 20 Jahren, die ich mit Beratung zu SAP HCM verbracht habe, nicht einen Kunden, der diesen Infotyp 0028, siehe Abbildung 3.91, aus der Personaladministration heraus verwendet hat. Ein Kunde hat ausschließlich dem Betriebsarzt die Berechtigung gegeben, hier Daten einzugeben. Dass die hinterlegten Daten nicht immer ganz unbedenklich sind, dafür braucht man sich nur die angebotenen Subtypen dieses Infotyps anzusehen.

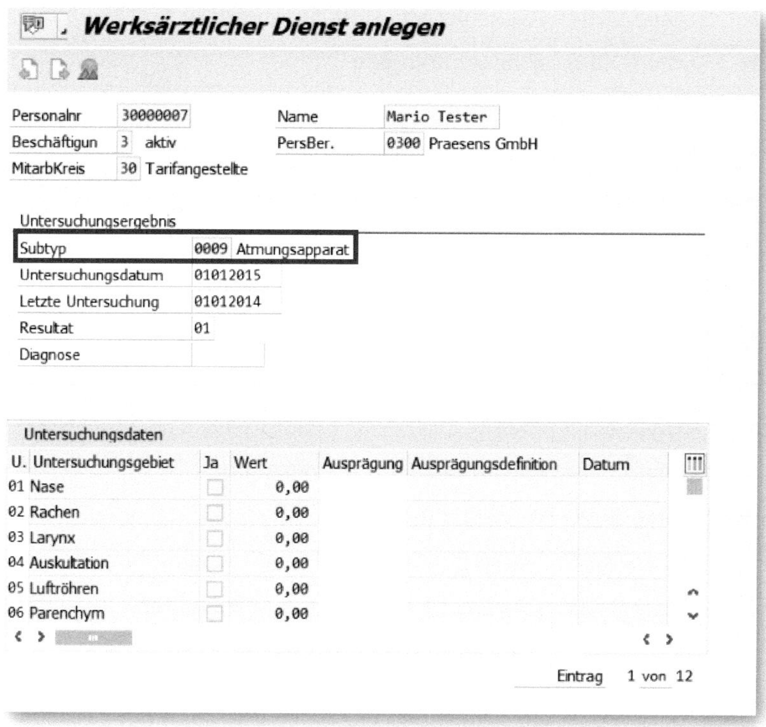

Abbildung 3.91: Infotyp 0028 – Werksärztlicher Dienst

Die Subtypen im Infotyp 0028 sind in den Händen eines Arztes wohl kein Problem. Ob der Mitarbeiter möchte, dass diese Daten im SAP HCM hinterlegt werden bzw. er ein Recht darauf hat, dies zu verweigern, und wie mit den Zugriffsrechten, besonders nach Inkrafttreten der DSGVO, umzugehen ist, ist mit Sicherheit ein eigenes Thema.

- Subtyp 0001: »Allgemeine Daten«
- Subtyp 0002: »Gewohnheiten«
- Subtyp 0003: »Haut«
- Subtyp 0004: »Geschlechts- und Harnorgane«
- Subtyp 0005: »Endokrinologie«
- Subtyp 0006: »Verdauungsapparat«
- Subtyp 0007: »Bewegungsapparat«
- Subtyp 0008: »Blutzirkulationsapparat«
- Subtyp 0009: »Atmungsapparat«
- Subtyp 0010: »Gehörapparat – Lärm«
- Subtyp 0011: »Gehörmessung«
- Subtyp 0012: »Nervensystem«
- Subtyp 0013: »Sicht«
- Subtyp 0014: »Systematische Krankheiten«
- Subtyp 0020: »Sprechstunden«
- Subtyp 0030: »Arbeitsunfälle und Berufskrankheiten«
- Subtyp 0031: »Berufliche Unfälle und Krankheiten«
- Subtyp 0040: »Unfälle und Krankheiten«
- Subtyp 0050: »Anwesenheit«
- Subtyp 0100: »Gesetzliche Punkte«

SAP selbst wusste wohl um die Brisanz der Daten, die hier hinterlegt werden. Das Unternehmen weist darauf hin, dass diese Daten mit einer komfortableren Bedienung in einer eigenen Komponente *SAP Environment, Health and Safety (SAP EH&S)* besser verarbeitet werden können.

3.1.26 IT 0029 – Berufsgenossenschaft

In diesem Infotyp können einem Mitarbeiter gemäß seiner Beschäftigung bis zu sechs *Gefahrtarifstellen* prozentual zugeordnet werden. Die Berufsgenossenschaft ist Träger der gesetzlichen Unfallversicherung, wobei jedes Unternehmen Mitglied derjenigen Berufsgenossenschaft ist, die für den entsprechenden Gewerbezweig zuständig ist. Wenn Sie sich hier nicht sicher sind, fragen Sie einen Kollegen.

Für jeden Versicherten muss das Unternehmen einen Beitrag an die Berufsgenossenschaft zahlen. In Unternehmen, bei denen alle Mitarbeiter der gleichen Tätigkeit nachgehen – beispielsweise arbeiten alle im Büro und gehen keiner Außendiensttätigkeit nach –, kann man im Customizing für die Mitarbeiter eines Personalbereichs eine GEFAHRTARIFSTELLE hinterlegen. In diesem Fall wäre ein Eintrag im *Infotyp 0029 – Berufsgenossenschaft*, siehe Abbildung 3.92, nicht nötig. Nur wenn die Tätigkeit des Mitarbeiters von dieser Gefahrstelle abweicht, können Sie diesen Infotyp anlegen, der dann die Grundeinstellung übersteuert.

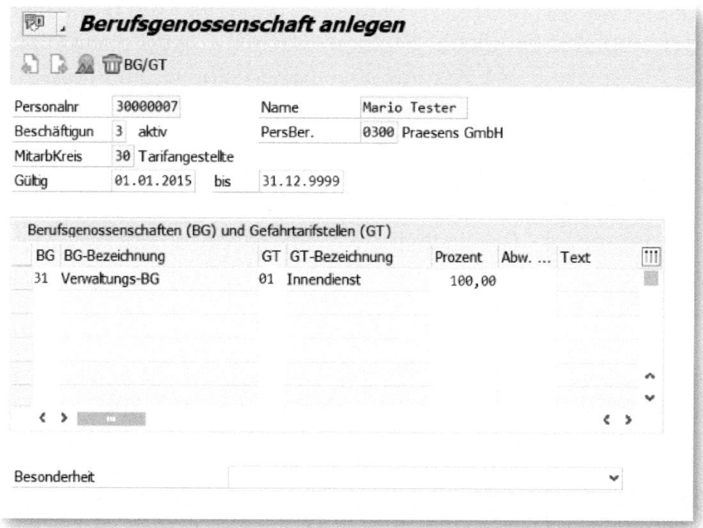
Berufsgenossenschaft anlegen

BG/GT

Personalnr 30000007 Name Mario Tester
Beschäftigun 3 aktiv PersBer. 0300 Praesens GmbH
MitarbKreis 30 Tarifangestellte
Gültig 01.01.2015 bis 31.12.9999

Berufsgenossenschaften (BG) und Gefahrtarifstellen (GT)

BG	BG-Bezeichnung	GT	GT-Bezeichnung	Prozent	Abw. ...	Text
31	Verwaltungs-BG	01	Innendienst	100,00		

Besonderheit

Abbildung 3.92: Infotyp 0029 – Berufsgenossenschaft

Anhand der *Gefahrtarifstellen (GT)* und *Gefahrklassen* wird der Beitrag des Unternehmens berechnet. Ganz unten sehen Sie das Datenfeld BESONDERHEIT. Hier können verschiedene abrechnungsrelevante Informationen hinterlegt bzw. ausgewählt werden, wie Abbildung 3.93 zeigt.

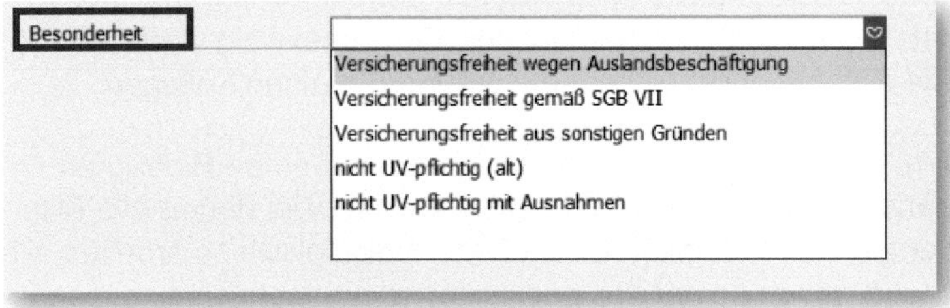

Abbildung 3.93: Besonderheiten im IT 0029

3.1.27 IT 0030 – Vollmachten

Für mich ist dieser Infotyp bei Einführungsprojekten immer ein Klassiker. »Müssen wir das pflegen? Wir wissen doch, wer bei uns Prokura hat.« Ich empfehle an dieser Stelle immer die Pflege dieses Infotyps (siehe Abbildung 3.94). Kommt irgendwann einmal die Frage von der Unternehmensleitung, wer alles Handlungsvollmacht, Prokura oder Einkaufsvollmacht hat, geht die Sucherei los. Es werden Personalakten durchforscht, nachgefragt und alte Excel-Listen gesucht, in denen das mal eingetragen war. Gibt man dann die mühsam erarbeitete Information an die Geschäftsleitung weiter, geschieht das meist mit einem unguten Gefühl, und man ist sich nicht sicher, ob die Zusammenstellung vollständig ist.

Sie haben die Möglichkeit, sich in diesem Infotyp beliebig viele Subtypen für das Datenfeld ART DER VOLLMACHT einrichten zu lassen. Im Standard sind die folgenden Subtypen eingetragen:

- Handlungsvollmacht,
- Prokura,
- Bankvollmacht.

Wird dieser Infotyp konsequent gepflegt, können Sie auf eine Anfrage der Geschäftsleitung gelassen reagieren. Sie führen einen SAP-Standardreport aus und haben innerhalb weniger Sekunden eine Liste aller Mitarbeiter, für die in diesem Infotyp ein Eintrag vorliegt.

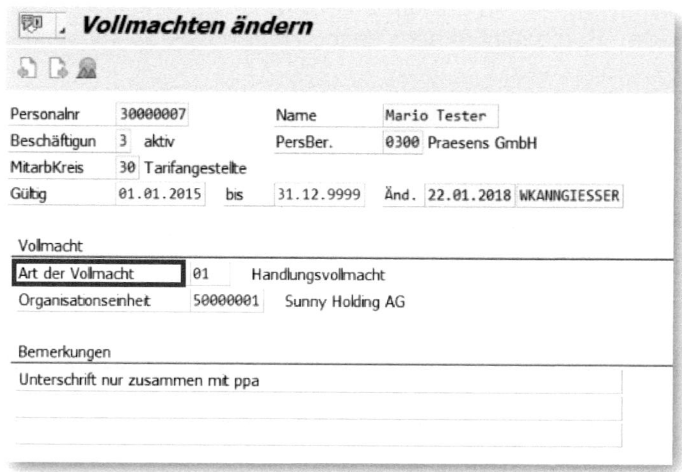

Abbildung 3.94: Infotyp 0030 – Vollmachten

Vollmachten

Vollmachten

PersNr	Nachname	Vorname	Vollmacht	Vollmachtschlüssel	OrgEinh.	Bezeichnung der Organisation
00000001	Herrlich	Hermann	Handlungsvollmacht	01	50000002	Personal PA
00000002	Kellermann	Bruno	Handlungsvollmacht	01	50000003	Personal PA
00000003	Alter	Heinrich	Handlungsvollmacht	01	50000023	Personal PA
30000007	Tester	Mario	Handlungsvollmacht	01	00000000	
90000003	Alter	Heinrich	Handlungsvollmacht	01	00000000	

Abbildung 3.95: Auswertung Vollmachten

Von den Subtypen *Prokura*, *Bankvollmacht* und *Handlungsvollmacht* können Sie sich auch getrennt Listen erzeugen und sind in diesem Punkt sehr schnell auskunftsfähig.

3.1.28 IT 0031 – Referenzpersonalnummer

Mit diesem Infotyp können Sie einem Mitarbeiter, der unterschiedliche Beschäftigungsverhältnisse in Ihrem Unternehmen hat, mehrere Personalnummern zuordnen. In diesem Fall heißt die zu einem Mitarbeiter assoziierte Personalnummer auch *Referenzpersonalnummer* (REFPERS.).

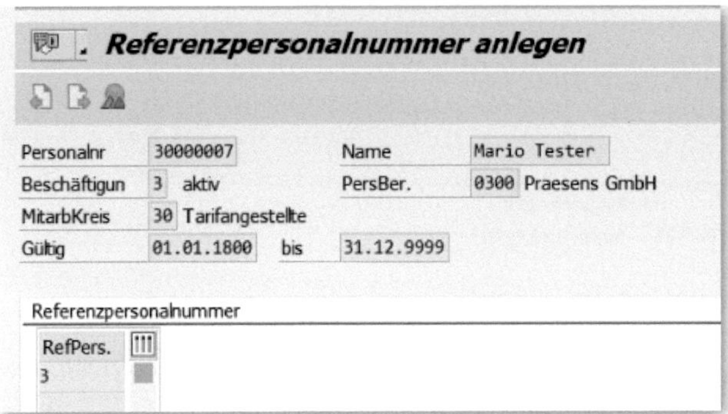

Abbildung 3.96: Infotyp 0031 – Referenzpersonalnummer

Dieser Infotyp stellt eine Verknüpfung zwischen allen Referenzpersonalnummern eines Mitarbeiters her. Er wird in der Personaladministration sowie in der Personalabrechnung zum Kopieren der gemeinsamen Informationen eines Mitarbeiters mit mehreren Arbeitsverträgen eingesetzt. Hier kann man sich Arbeit sparen, da bestimmte Daten des Mitarbeiters schon in der ersten Personalnummer gespeichert sind. Infotypen, die z. B. die Bezahlung sicherstellen, werden natürlich nicht verwendet, sondern müssen separat pro Arbeitsvertrag angelegt werden.

3.1.29 IT 0032 – Betriebsinterne Daten

Ein Infotyp ähnlich wie der Infotyp 0030, siehe Abschnitt 3.1.27; oft vernachlässigt, aber doch wert, gepflegt zu werden. Viele wichtige Informationen, siehe Abbildung 3.97, können hier abgelegt werden.

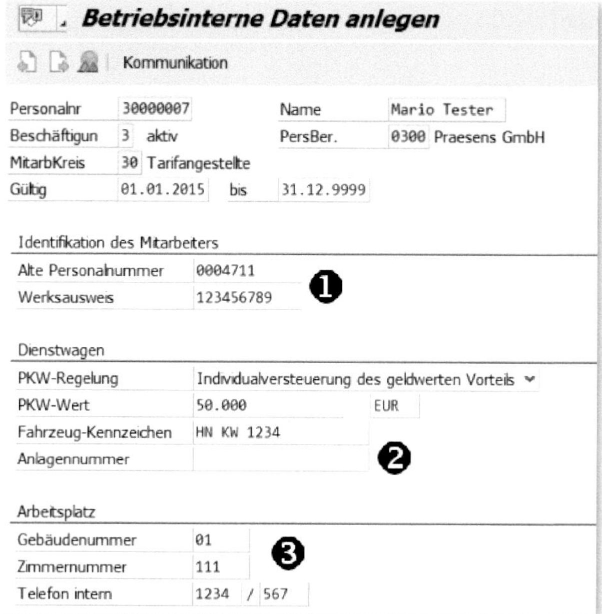

Abbildung 3.97: Infotyp 0032 – Betriebsinterne Daten

Im Bereich IDENTIFIKATION DES MITARBEITERS ❶ werden die WERKSAUSWEISNUMMER, sofern vorhanden, und die ALTE PERSONALNUMMER eingetragen. Letztere ist die Personalnummer, unter der der Mitarbeiter vor der Einführung des SAP HCM in einem anderen Personalwirtschaftssystem geführt wurde. Wird ein DIENSTWAGEN ❷ genutzt, können hier die abrechnungsrelevanten Daten zur Errechnung des geldwerten Vorteils hinterlegt werden. Hat das Fahrzeug eine ANLAGENNUMMER, angelegt in den Modulen FI/CO (Finanzen/Controlling), kann diese Nummer hier eingetragen und bei entsprechendem Customizing auch überprüft werden. »Überprüfen« bedeutet in diesem Fall, dass gecheckt wird, ob dieses Fahrzeug mit dieser Anlagennummer überhaupt in den Modulen FI/CO geführt wird. Der ARBEITSPLATZ ❸ kann mit GEBÄUDENUMMER, ZIMMERNUMMER und INTERNER TELEFONNUMMER genau beschrieben werden. Die beiden letzten Angaben können in einem SAP-Standardreport als internes Telefonverzeichnis, siehe Abbildung 3.98, ausgegeben werden.

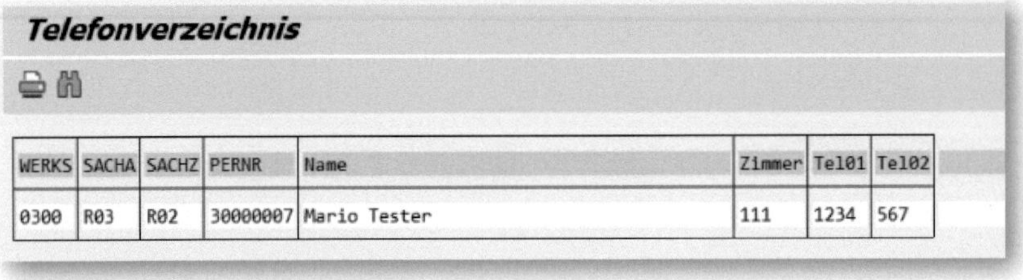

Telefonverzeichnis

WERKS	SACHA	SACHZ	PERNR	Name	Zimmer	Tel01	Tel02
0300	R03	R02	30000007	Mario Tester	111	1234	567

Abbildung 3.98: Telefonliste aus IT 0032

Zugegeben, es ist ein sehr alter Report, und entsprechend einfach ist diese Liste gehalten. Die Daten daraus können jedoch von einem Programmierer verwendet werden, um ein aktuelles Verzeichnis, zum Beispiel im Intranet oder Mitarbeiterportal, zur Verfügung zu stellen.

3.1.30 IT 0033 – Statistik

An dieser Stelle muss ich gestehen, dass ich diesen Infotyp noch nie bearbeitet habe. Ich habe einen meiner Kunden angerufen und mich schlau machen müssen. Im Infotyp 0033, siehe Abbildung 3.99, hinterlegen Sie potenzielle Ausnahmen für die Behandlung von Mitarbeitern beim Erstellen von Statistiken.

Bei der Erstellung von Statistiken gelten für bestimmte Personengruppen Ausnahmeregelungen. Beispielsweise werden Schwerbehinderte, die aufgrund ihrer Beeinträchtigung nur eine Teilzeitarbeit von weniger als 18 Wochenstunden ausüben können, in der gesetzlich vorgeschriebenen Statistik über die »Anzahl der beschäftigten Schwerbehinderten« geführt und sind besonders zu behandeln. Mitarbeiter, für die solche Ausnahmeregelungen gelten, kennzeichnen Sie entsprechend in diesem Infotyp.

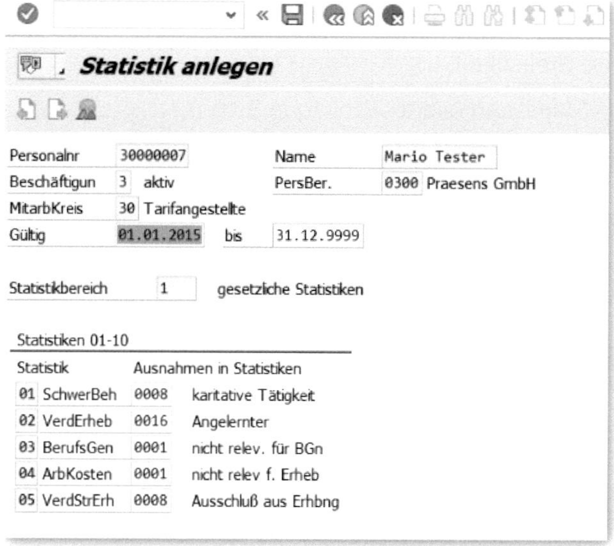

Abbildung 3.99: Infotyp 0033 – Statistik

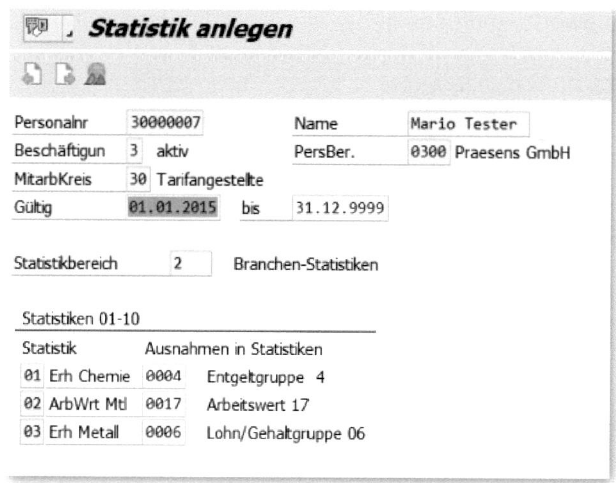

Abbildung 3.100: Branchen-Statistiken im Infotyp 0033

Dieser Infotyp hat drei Subtypen:

- gesetzliche Statistiken,
- *Branchen-Statistiken* (siehe Abbildung 3.100),
- kundeneigene Statistiken.

Die Statistiken selbst werden durch spezifische Reports erstellt, die wiederum die jeweiligen Ausnahmeregelungen berücksichtigen. Wenn kundeneigene Statistikbereiche und Statistiken angelegt wurden, müssen die Auswertungsreports selbst programmiert werden. Informieren Sie sich, ob und wie dieser Infotyp in Ihrem Unternehmen verwendet wird.

3.1.31 IT 0034 – Betriebliche Funktion

Im Infotyp 0034, siehe Abbildung 3.101, können Sie – relativ frei einstellbar – spezielle Funktionen eines Mitarbeiters für eigene Auswertungen hinterlegen. Im SAP-Standard existieren allerdings keine Programme für die Auswertung dieses Infotyps.

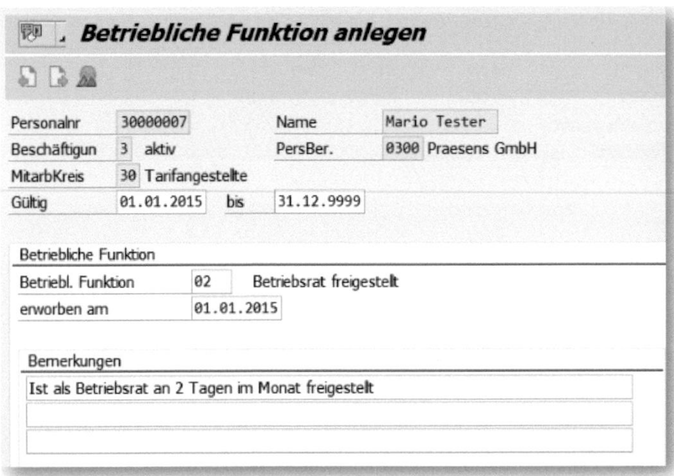

Abbildung 3.101: Infotyp 0034 – Betriebliche Funktion

Im Standard werden zwei Subtypen geliefert:

- *01 Kursverwalter,*
- *02 Betriebsrat freigestellt.*

Darin lassen sich beliebig viele Informationen ablegen, für die es im Standard keinen Infotyp gibt. Es können Funktionen aufgeführt werden, die nicht unbedingt im Qualifikationskatalog, siehe Abschnitt 3.1.22, zu finden sind, beispielsweise:

- Ersthelfer,
- Leiterbeauftragter,
- Suchtbeauftragter,
- Kesselbeauftragter,
- Betriebsarzt.

Diese Beauftragungen gibt es wirklich – den Kesselbeauftragten allerdings nur in Unternehmen, die Dampfkessel betreiben.

3.1.32 IT 0035 – Belehrungen

Ein umstrittener Infotyp. Warum? Viele Firmen haben dort die »Ermahnung« und »Abmahnung« als Subtypen hinterlegt. Oft werden genau diese Einträge bemängelt und rechtlich unterschiedlich bewertet. Welche Informationen zum Mitarbeiter darf man in einem Personalwirtschaftssystem hinterlegen und welche nicht? Ich persönlich habe damit kein Problem und finde diese Diskussion etwas übertrieben, zeige Ihnen aber nun den Infotyp, siehe Abbildung 3.102, in einer »entschärften« Version.

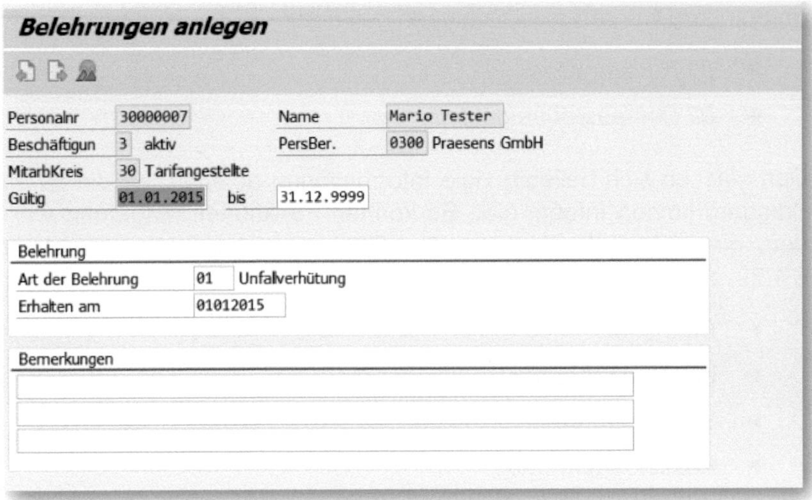

Abbildung 3.102: Infotyp 0035 – Belehrungen

Gedacht ist der Infotyp 0035 für die Hinterlegung notwendiger Belehrungen innerhalb eines Unternehmens. Das kann die Datengeheimnisvereinbarung oder der Hinweis auf Gefahrstellen bei Nutzung bestimmter Werkzeuge sein. Eingesetzt wird diese Ablagemöglichkeit aber eben auch, um Er- und Abmahnungen zu hinterlegen. Die Liste ist durch Subtypen, siehe Abbildung 3.103, beliebig erweiterbar und soll der Personaladministration als Nachweis für die ordentliche Belehrung eines Mitarbeiters dienen. Muss der Mitarbeiter eine Belehrung als gelesen und angenommen unterschreiben, landet diese Vereinbarung zu Nachweiszwecken in der Personalakte. Auswerten kann man diese Informationen nur mit eigenen Auswertungsprogrammen.

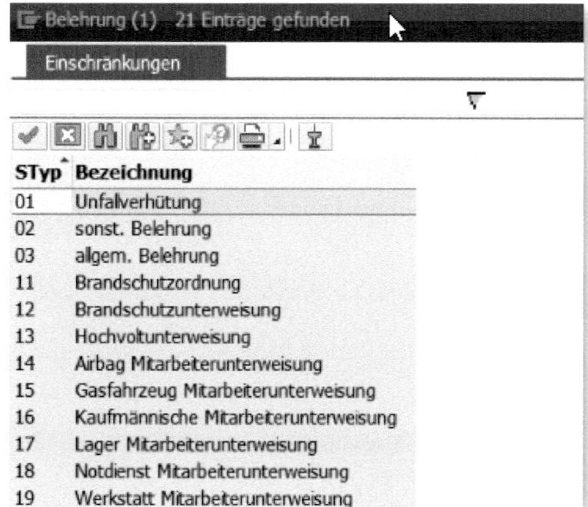

Abbildung 3.103: Subtypen des IT 0035

Eine Anekdote zu diesem Infotyp muss ich aber noch loswerden: Im Jahr 2014 wurde dieser Infotyp durch einen Programmierfehler seitens der SAP gesperrt, und beim Aufruf kam die Fehlermeldung »Infotyp nicht erlaubt«. Das war natürlich Wasser auf den Mühlen der Gegner dieses Infotyps. Was war geschehen? Eigentlich sollte der Infotyp nur für das Land Brasilien gesperrt werden. Durch einen kleinen, aber wirkungsvollen Programmierfehler wurde er jedoch für alle Länder **außer** Brasilien gesperrt. Verwirrend genug, kam noch hinzu, dass SAP die Fehlerkorrektur als brasilianischen Hinweis markierte und sie somit für die anderen Länder nur schwer oder gar nicht auffindbar war. Es kommt heute noch vor, dass ich beim Kunden bin und auf meine Frage, warum der Infotyp nicht genutzt wird, die Antwort erhalte: »Der ist doch wegen Datenschutzes verboten worden.« Ja, auch so etwas gibt es in meiner Beraterwelt. Sollte dieser Infotyp in Ihrem System gesperrt sein, Sie wollen ihn aber nutzen, dann suchen Sie bitte im SAP Help Portal nach dem Hinweis *2015014*.

Der Infotyp 0036 dient zur Abbildung der Sozialversicherung in der Schweiz; daher geht es hier gleich mit *Infotyp 0037 – Versicherungen* weiter.

3.1.33 IT 0037 – Versicherungen

Beim Infotyp 0037, siehe Abbildung 3.104, handelt es sich um eine reine Informationssammlung für Versicherungen. Er ist nicht abrechnungsrelevant und dient ausschließlich zur Auswertung von Mitarbeiterversicherungen.

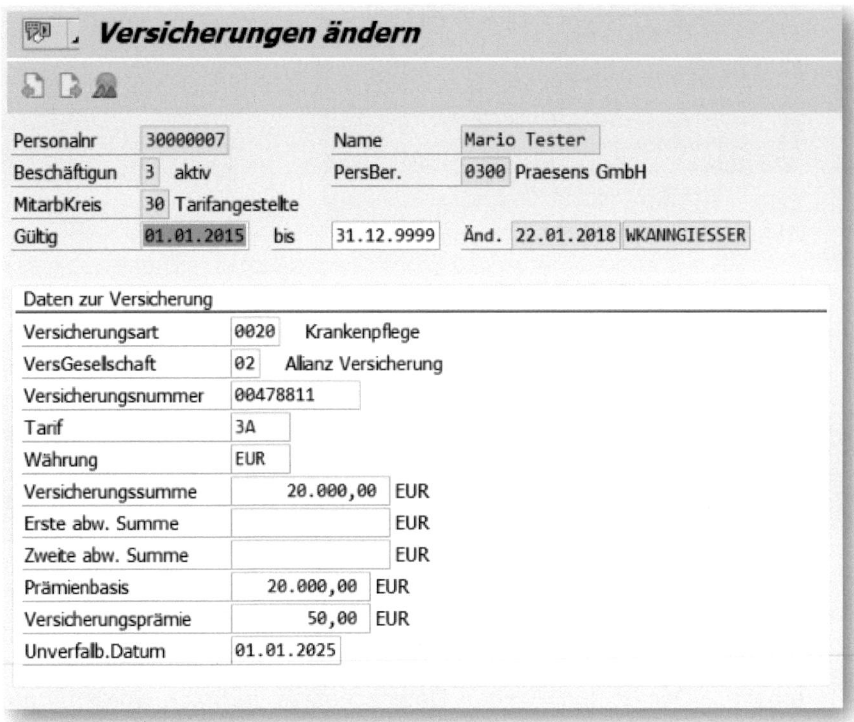

Abbildung 3.104: Infotyp 0037 – Versicherungen

Im Standard werden diese Subtypen bereitgestellt:

- Direktversicherung,
- Gruppenunfallversicherung,
- Lebensversicherung,
- Zusatzversorgung,
- nicht pflichtig,
- Risiko,
- Risiko/Rente,
- Krankenpflege,
- Krankengeld.

Übersichten aus diesem Infotyp können mit eigenen Auswertungsreports erstellt werden.

Die Infotypen 0038 und 0039 werden wieder nur von den Schweizer Kollegen für »Steuerdaten CH« und »Zusatzdaten zur Organisatorischen Zuordnung CH« genutzt. Daher überspringen wir diese und kommen gleich zum nächsten, auch für alle anderen Länder gültigen Infotyp 0040.

3.1.34 IT 0040 – Leihgaben

Wer ist für die Verwaltung von Leihgaben zuständig? Handys und Laptops werden von der IT-Abteilung herausgegeben, Arbeitsschuhe und Helme vom Lager, und die Zugangskarte wird in der Sicherheitsabteilung abgeholt. Müssen diese Informationen in die Personalabteilung gemeldet werden, können sie im *Infotyp 0040 – Leihgaben*, siehe Abbildung 3.105, verwaltet werden.

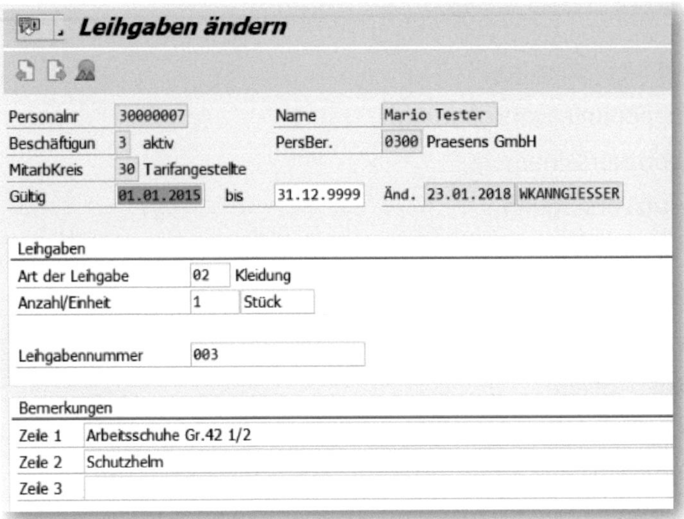

Abbildung 3.105: Infotyp 0040 – Leihgaben

Die ART DER LEIHGABE ist ein Subtyp. Die Subtypen können vom Systembetreuer jederzeit angepasst und erweitert werden. Da ein Mitarbeiter mehrere Leihgaben erhalten haben kann, empfiehlt es sich, als Einstieg in diesen Infotyp über den Übersichtsbutton zu gehen. So erhält man eine Auflistung der vorhandenen Subtypen, siehe Abbildung 3.106, und kann sich den gewünschten Datensatz auswählen, bearbeiten oder anzeigen lassen.

Speziell beim Austritt des Mitarbeiters aus dem Unternehmen kann es wichtig sein, eine Information über die Leihgaben zu haben, um diese von ihm zurückzufordern. Ein Auswertungsreport für diesen Infotyp existiert im Standard nicht, ist aber schnell programmiert.

Leihgaben Liste

Personalnr 30000007 Name Mario Tester
Beschäftigun 3 aktiv PersBer. 0300 Praesens GmbH
MitarbKreis 30 Tarifangestellte
Auswahl 01.01.1800 bis 31.12.9999 Art

Übersicht

Beginn	Ende	Art der Leihgabe	Bezeichnung	Anz.	Leihgabennummer
01.01.2015	31.12.9999	02	Kleidung		1003
01.01.2015	31.12.9999	06	Laptop		1002
01.01.2015	31.12.9999	07	Mobile Telefon		1001

Abbildung 3.106: Übersicht Infotyp 0040

3.1.35 IT 0041 – Datumsangaben

Eintrittsdatum, technisches Eintrittsdatum, Eintritt in den Konzern, Datum zur Berechnung von Jubiläen und sehr viele weitere Datumsangaben habe ich in diesem Infotyp, siehe Abbildung 3.107, schon vorgefunden.

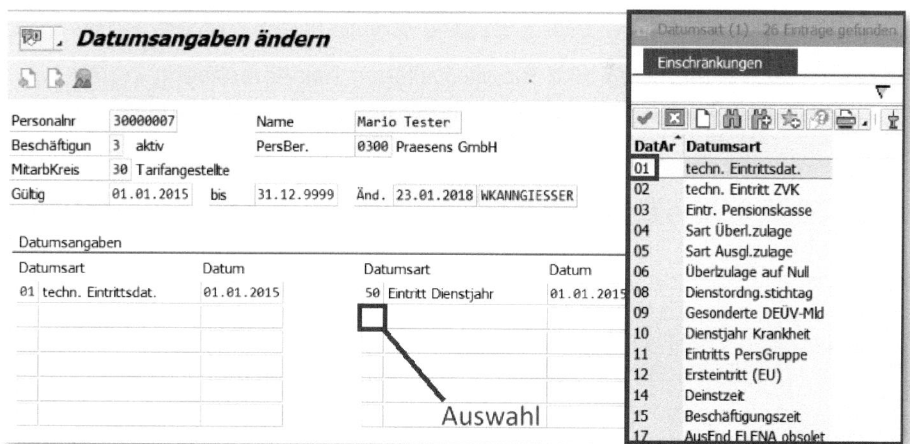

Abbildung 3.107: Infotyp 0041 – Datumsangaben

Die Datenfelder werden in der Regel für die Berechnung von zeitabhängigen Leistungen verwendet.

Eintrittszeitpunkte im IT 0041

Wenn der Mitarbeiter in einer Unternehmensgruppe die Firma wechselt, hat er schon zwei Eintrittszeitpunkte: seinen Ersteintritt in der ersten Firma sowie seinen Eintritt in den Gesamtkonzern. Würde sein Jubiläum nach seinem Eintrittsdatum in die zweite Firma der Gruppe berechnet, sähe es schlecht damit aus, je sein 10-jähriges Jubiläum zu erreichen. Ist jedoch vermerkt, dass der Eintritt des Mitarbeiters in den Konzern schon vor neun Jahren war, wird ihm der Jubiläumsglückwunsch zum Zehnjährigen sicherlich bald zugestellt.

Dieser Infotyp kommt mit einem Datensatz aus. Er kann jederzeit erweitert werden, ohne dass ein neuer Datensatz angelegt werden muss. Einzige Ausnahme wäre, wenn es im Unternehmen zu einer Neuregelung kommt, wie die Datumsarten zu definieren und zu bewerten sind. Dann legt man einen neuen Datensatz an und zur Sicherheit die Information, wie etwas vor der Änderung hinterlegt war.

Die nächsten Infotypen sind für die Kollegen der Abrechnung in Österreich reserviert. Daher geht es nun mit dem Infotyp 0045 weiter.

3.1.36 IT 0045 – Darlehen

Meiner Einschätzung nach ist die Anzahl der gewährten Darlehen rückläufig. Die Zahl der Pfändungen steigt dagegen konstant an. Daher gehen auch immer mehr Unternehmen dazu über, Mitarbeitern keine Darlehen mehr zu gewähren. Soll es dennoch gewährt werden, sind die Auszahlungs- und Abrechnungsinformationen im Infotyp 0045, siehe Abbildung 3.108, zu hinterlegen. Voraussetzung für die korrekte Verarbeitung ist die Anpassung des Abrechnungsschemas der Gehaltsabrechnung und ein Grund-Customizing für das Bereitstellen der erforderlichen Lohnarten. Auch die Versteuerung des geldwerten Vorteils für die Inanspruchnahme von Arbeitgeberdarlehen muss eingerichtet sein.

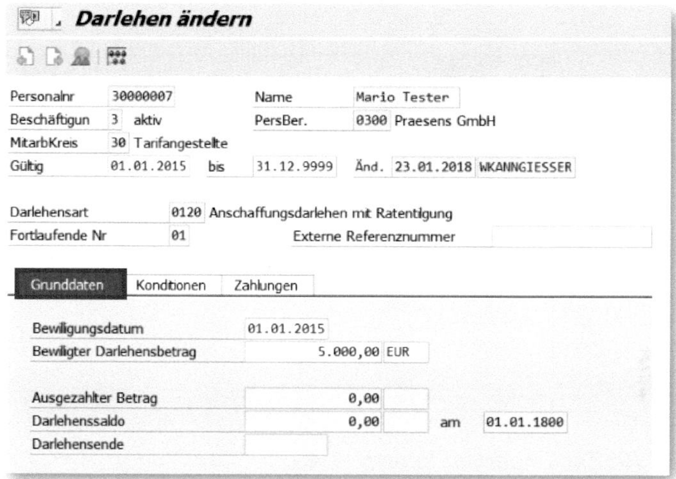

Abbildung 3.108: Grunddaten im Infotyp 0045 – Darlehen

Die Darlehensbedingungen werden in einem weiteren Karteireiter KONDITIONEN hinterlegt, siehe Abbildung 3.109.

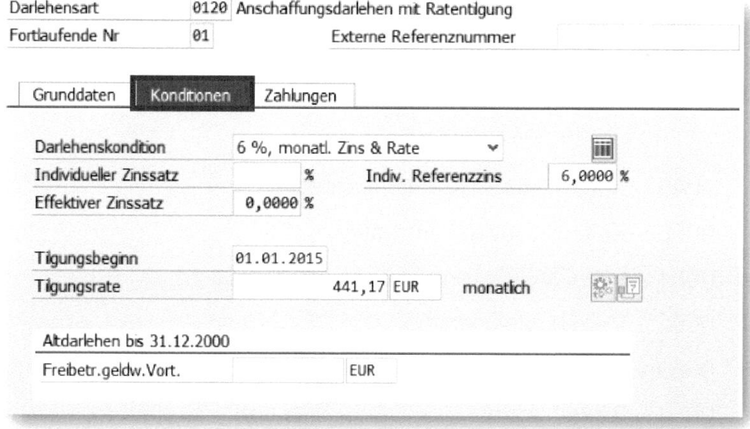

Abbildung 3.109: Konditionen im Infotyp 0045

Im Karteireiter ZAHLUNGEN tragen Sie alle konkret ausgezahlten Beträge mit Datum ein, siehe Abbildung 3.110.

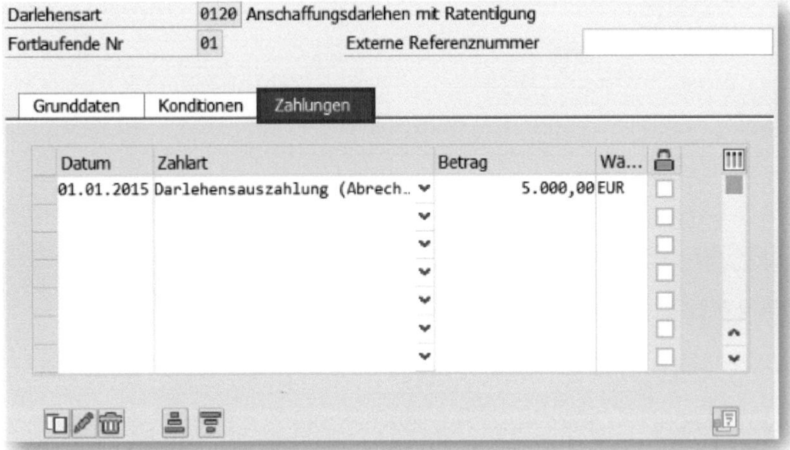

Abbildung 3.110: Zahlungen im Infotyp 0045

Bei der Auszahlung eines Darlehens können hier auch Teilbeträge mit unterschiedlichen Auszahlungsterminen hinterlegt werden.

3.1.37 IT 0079 – SV-Zusatzvers. D

Ein großer Sprung in der Infotypenliste führt uns zu diesem Infotyp. Die Infotypen dazwischen sind entweder kaum genutzt oder werden nur in anderen Ländern verwendet:

- 0049 – Kurzarbeit/Saison-Kurzarbeit,
- 0050 – Zeiterfassungsinformation,
- 0051 – VBL/ZVE-Daten,
- 0052 – Verdienstsicherung,
- 0053 – Betriebsrenten,
- 0054 – Betriebsräte,
- 0057 – Mitgliedschaften,

- ▶ 0077 – Zus.Daten zur Person,
- ▶ 0078 – Darlehenszahlungen.

In diesem Infotyp werden Daten zu Zusatzversicherungen von Mitarbeitern erfasst. Diese fließen in die Lohn- und Gehaltsabrechnung ein. Der Infotyp, siehe Abbildung 3.111, unterteilt sich in mehrere VERSICHERUNGSARTEN.

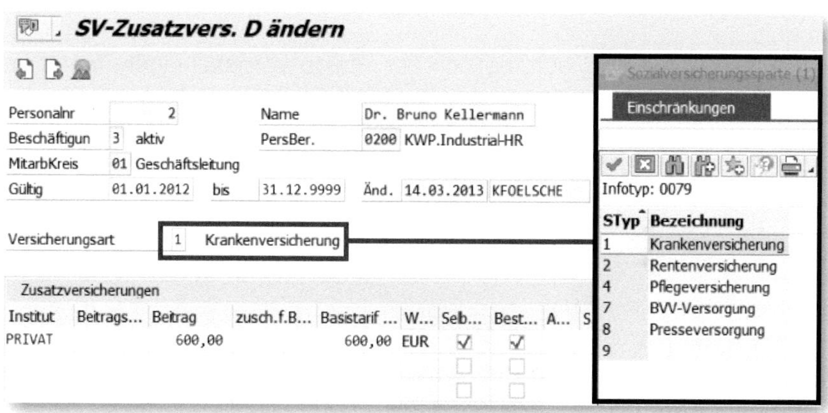

Abbildung 3.111: Infotyp 0079 – Zusatzvers. D

Jede Versicherungsart bildet einen Subtyp. In der SAP-Standardauslieferung sind folgende Versicherungsarten als Subtypen eingerichtet:

- ▶ SUBTYP 1: KRANKENVERSICHERUNG

Dieser Subtyp wird automatisch zur Pflege vorgeschlagen, wenn im Infotyp 0013 (Sozialversicherung) als KV-SCHLÜSSEL der Wert *5* und als SV-ATTRIBUT der Wert *20* hinterlegt sind. Durch diese Eingaben ist ein Mitarbeiter als »privat krankenversichert« gekennzeichnet. Ausschließlich Daten zur privaten Krankenkasse werden in diesem Subtyp erfasst.

- SUBTYP 2: RENTENVERSICHERUNG

Dieser Subtyp wird automatisch zur Pflege vorgeschlagen, wenn im Infotyp 0013 als RV-SCHLÜSSEL der Wert *5* eingegeben ist. Dadurch ist ein Mitarbeiter als »von der Rentenversicherung befreit« gekennzeichnet.

- SUBTYP 4: PFLEGEVERSICHERUNG

Dieser Subtyp wird automatisch zur Pflege vorgeschlagen, wenn im Infotyp 0013 als KV-SCHLÜSSEL der Wert *5* und als PV-SCHLÜSSEL der Wert *5* vorgegeben sind. Durch diese Eingaben ist ein Mitarbeiter als freiwillig in einer gesetzlichen Krankenkasse versichert gekennzeichnet. Daten zur Pflegeversicherung bei einem freiwillig krankenversicherten Mitarbeiter werden in diesem Subtyp erfasst.

- SUBTYP 7: BVV-VERSORGUNG

Hierbei handelt es sich um die Zusatzversorgung des *Beamtenversorgungsvereins des deutschen Bank- und Bankiergewerbes (BVV)*. Dieser Subtyp wird automatisch zur Pflege vorgeschlagen, wenn im Infotyp 0126 (Zusatzversorgung) ein Satz des SUBTYPS 7 angelegt wird.

- SUBTYP 8: PRESSEVERSORGUNG

Hierbei handelt es sich um die Zusatzversorgung der *Presseversorgung der Verleger und Journalisten-Organisationen (PVW)*. Dieser Subtyp wird automatisch zur Pflege vorgeschlagen, wenn im Infotyp 0126 (Zusatzversorgung) ein Satz des SUBTYPS 8 angelegt wird (Beispiel siehe Abbildung 3.112).

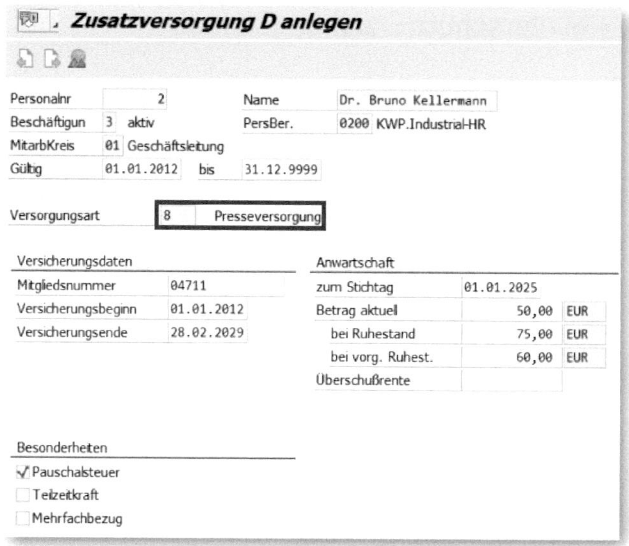

Abbildung 3.112: Infotyp 0126 – Zusatzversorgung D

- SUBTYP 9: ALLGEMEINE ZUSATZVERSORGUNG

Dieser Subtyp ist sehr selten ausgeprägt.

Sie merken schon, die numerischen Abstände zwischen den Infotypen werden immer größer. Das liegt daran, dass das HCM im Laufe der Zeit für immer mehr Länder bereitgestellt wurde. Dementsprechend wurden von der SAP auch immer mehr länderspezifische Infotypen angelegt. Kamen für Deutschland neue Infotypen hinzu, wurden sie ans Ende der Infotypenliste gehängt. Der nächste *Infotyp 0080 – Mutterschutz/Erziehungsurlaub* ist noch in der numerischen Reihenfolge, danach machen wir weitere und größere Sprünge.

3.1.38 IT 0080 – Mutterschutz/Erziehungsurlaub

Dieser Infotyp war früher ausschließlich für weibliche Mitarbeiter gedacht. Im Laufe der Zeit wurde er auch auf männliche Mitarbeiter ausgeweitet, die sich entschließen, direkt nach der Geburt des Kindes in Erziehungsurlaub zu gehen. Der Infotyp 0080, siehe Abbildung 3.113, steht in enger Beziehung zum Infotyp 2001, siehe Abschnitt 3.1.43, in dem alle Abwesenheiten eines Mitarbeiters hinterlegt werden. Zum ersten Mal eingesetzt wird dieser Infotyp, wenn die frohe Botschaft einer anstehenden Geburt der Personalabteilung mitgeteilt wird. Mit dieser Erstinformation werden automatisch Fristen berechnet. Da sich Babys aber selten an die errechneten Termine halten, sind die Angaben jederzeit überschreibbar.

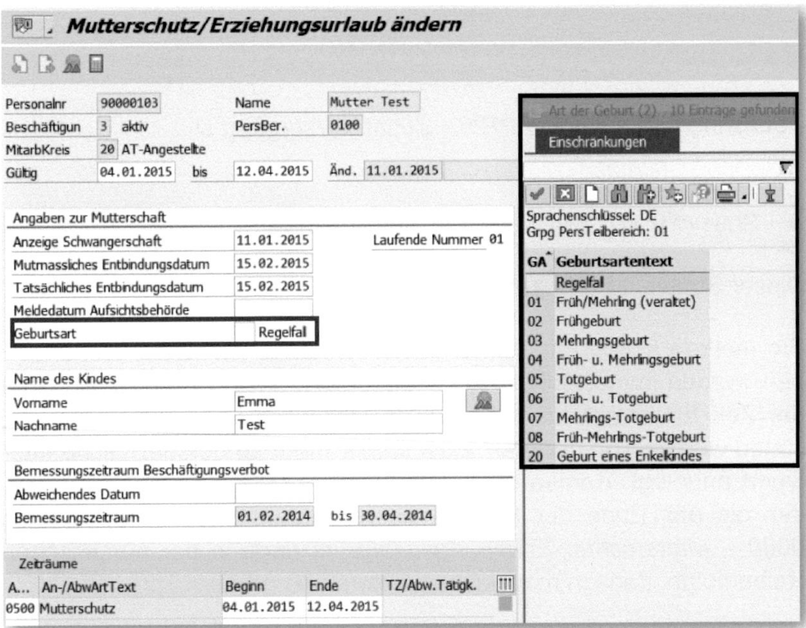

Abbildung 3.113: Infotyp 0080 – Mutterschutz/Erziehungsurlaub

Dauer Mutterschutz

Das System berechnet die Dauer des Mutterschutzes für die Mitarbeiterin und passt den Gültigkeitszeitraum des Infotypsatzes entsprechend an. Wenn Sie das MUTMASSLICHE ENTBINDUNGSDATUM sowie die GEBURTSART eingeben, werden standardmäßig bestimmte Abwesenheitsarten vorgeschlagen und die entsprechenden ZEITRÄUME berechnet. Sie können diese Vorschlagswerte überschreiben oder andere Abwesenheitsarten hinzufügen.

Die Verbindung zu *Infotyp 2001 – Abwesenheiten* kann zu ein wenig Mehrarbeit führen, wenn Sie den Termin des tatsächlichen Entbindungsdatums ändern, weil Sie die geänderten Datensätze im IT 0080 und IT 2001 nachträglich auf Übereinstimmung prüfen sollten. Ausschlaggebend für die korrekte Abwesenheit ist letztendlich das tatsächliche Geburtsdatum.

Abwesenheiten und Mutterschutzzeiten

Abwesenheiten, die als Mutterschutz eingetragen werden, werden automatisch auch im Infotyp »Abwesenheiten« abgelegt. Die Regelungen zum Mutterschutz und Erziehungsurlaub sind abhängig vom Unternehmen, den Tarifverträgen und den gesetzlichen Bestimmungen jedes Landes. So können beispielsweise die zulässigen Zeiträume für Mutterschutz und Erziehungsurlaub sehr unterschiedlich sein. Im Customizing können Sie deshalb die Einstellungen für diesen Infotyp individuell anpassen.

Die GEBURTSARTEN, siehe Abbildung 3.113, bestimmen die Dauer des Mutterschutzes und sollten nach den geltenden Bestimmungen des Mutterschutzgesetzes (MuSchG) angelegt und auswählbar sein.

Der Block NAME DES KINDES kann, muss aber nicht für den Sachbearbeiter sichtbar sein.

Name des Kindes

Es ist ein zusätzlicher Block »Name des Kindes« verfügbar, um den Vor- und Nachnamen des Kindes einzugeben. Ohne diesen Block können Personalsachbearbeiter ein Kind nur über die laufende Nummer des Geburtsdatums identifizieren. Bei Mehrlingsgeburten ist dieses Datum mehr als einmal vorhanden. In diesem Fall gibt die laufende Nummer die Reihenfolge an, in der die Datensätze vom Personalsachbearbeiter angelegt wurden, und nicht – wie man vielleicht zuerst vermuten könnte – die zeitliche Abfolge der Geburten. Durch das Hinzufügen dieses Blocks können Personalsachbearbeiter einfacher erkennen, um welches Kind es sich handelt.

Dieses Feld kann im Customizing ein- und ausgeschaltet werden. Der fachkundige Systembetreuer findet den Schalter hierfür in der SAP-Tabelle T588M.

3.1.39 IT 0105 – Kommunikation

Der Infotyp 0105, siehe Abbildung 3.114, ermöglicht das Hinterlegen von Kommunikationsdaten des Mitarbeiters. Von der Mailadresse bis zur privaten Telefonnummer kann jede Information eingetragen und von Programmen abgefragt werden.

Da hier sehr viele Kommunikationsdaten als Subtypen hinterlegt werden können, empfiehlt es sich, beim Aufruf zunächst die Übersicht über das Icon auszuwählen (siehe Abbildung 3.115).

Kommunikation ändern

Personalnr	30000007	Name	Mario Tester		
Beschäftigun	3 aktiv	PersBer.	0300 Praesens GmbH		
MitarbKreis	30 Tarifangestellte				
Gültig	01.01.2015	bis	31.12.9999	Änd.	24.01.2018 WKANNGIESSER

Kommunikation

Art	0010 Email
System-ID	MARIO.TESTER@PRAESENZ.COM

Abbildung 3.114: Infotyp 0105 – Kommunikation

Kommunikation Liste

Personalnr	30000007	Name	Mario Tester
Beschäftigun	3 aktiv	PersBer.	0300 Praesens GmbH
MitarbKreis	30 Tarifangestellte		
Auswahl	01.01.1800 bis 31.12.9999	Art	

Beginn	Ende	Ko...	Bezeichnung	System-ID
01.01.2015	31.12.9999	0001	Systembenutzername SAP Syst...	TESTER
01.01.2015	31.12.9999	0010	Email	MARIO.TESTER@EMAIL.DE
01.01.2015	31.12.9999	0010	Email	MARIO.TESTER@PRAESENZ.COM
01.01.2015	31.12.9999	0020	Erste Telefonnummer am Arbei...	8899002-4711
01.01.2015	31.12.9999	0030	Private Email-Adresse	MTESTER@DINGENS.DE

Abbildung 3.115: Infotyp 01015 – Übersicht

Abfrage von Subtypen durch Dienstprogramme

Entgeltnachweise können verschlüsselt per E-Mail an den Mitarbeiter versendet werden. Das Dienstprogramm für diese Funktion geht während des Programmablaufs in die Struktur des Infotyps 0105 und fragt ab, ob für den Mitarbeiter eine Mailadresse vorhanden ist. Wenn ja, kann der Entgeltnachweis an diese Adresse versendet werden. Ist sie nicht hinterlegt, wird der Entgeltnachweis in einen Druckauftrag gestellt, damit er ausgedruckt und per Post an den Mitarbeiter versendet werden kann.

Auch Fremdprogramme, wie z. B. externe Zeiterfassungssysteme, können im IT 0105 abfragen, ob im SAP HCM eine User-ID hinterlegt ist, die es ihm erlaubt, auf das externe Programm zuzugreifen.

3.1.40 IT 0126 – Zusatzversorgung D

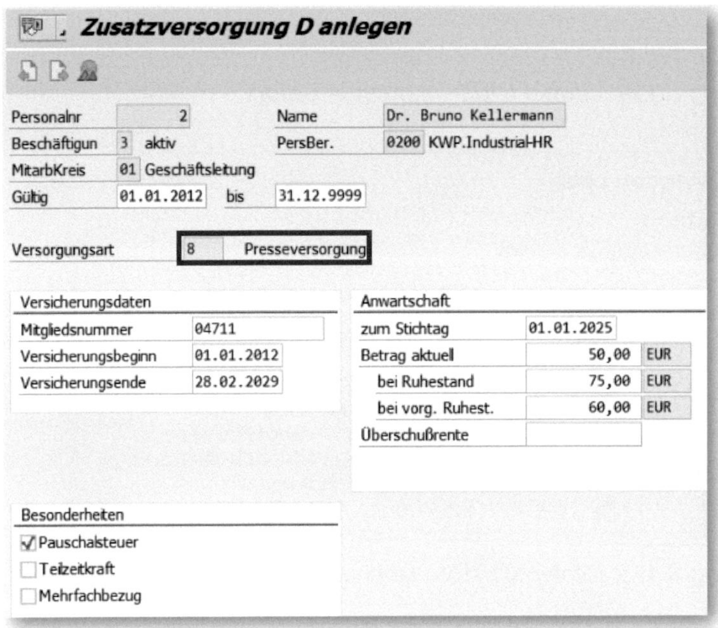

Abbildung 3.116: Infotyp 0126 – Zusatzversorgung D

In diesem abrechnungsrelevanten Infotyp, siehe Abbildung 3.116, werden Daten zur Zusatzversorgung von Mitarbeitern erfasst. Er ist in mehrere Zusatzversorgungsarten unterteilt. Im SAP-HCM-Standard sind folgende Subtypen angelegt:

- Subtyp 2: »Berufsständische Versorgung«,
- Subtyp 2001: »Zusatzversorgung 1«,

- Subtyp 7: »BVV-Versorgung«,
- Subtyp 8: »Presseversorgung«,
- Subtyp 9: »allg. Zusatzversorgung«.

Die Zusatzversorgung D ist branchenspezifisch und daher in ihrer Ausprägung von Betrieb zu Betrieb sehr unterschiedlich. Ein erfahrener Kollege sollte Sie unbedingt einweisen.

Zusatzversorgung D

Bei den Subtypen BVV-Versorgung (7) und Presseversorgung (8) müssen zusätzlich die Infotypen 0699 – Altersvermögensgesetz (nicht in diesem Buch beschrieben) bzw. 0079 – SV-Zusatzversicherung, siehe Abschnitt 3.1.37, gepflegt werden.

3.1.41 IT 0128 – Mitteilungen

Dieser Infotyp, siehe Abbildung 3.117, ermöglicht es Ihnen, eine persönliche Nachricht auf dem Entgeltnachweis eines Mitarbeiters zu hinterlegen. Als es noch die Lohnsteuerkarte gab, war es z. B. ein geeignetes und auch übliches Vorgehen, den säumigen Mitarbeitern über den Infotyp 0128 die Nachricht zu übermitteln, dass sie ihre Lohnsteuerkarte im Personalbüro abgeben sollten. Verwendet wurde für diese mitarbeiterbezogene, individuelle Nachricht der Subtyp *2 Persönliche Mitteilung*. Es existiert noch der Subtyp *1 Allgemeine Mitteilungen*. Dieser wird an einer Personalnummer angelegt, ist aber dafür gedacht, auf dem Entgeltnachweis eine Mitteilung an alle Mitarbeiter zu produzieren. Allerdings muss dieser Subtyp mittels eines recht aufwendigen Verfahrens über die Systemadministration auf alle Mitarbeiter übertragen werden. Heute wird dieser Infotyp eigentlich nicht mehr genutzt, da es viel schnellere Verfahren gibt, über E-Mail, Intranet oder Portale Informationen an Mitarbeiter zu versenden.

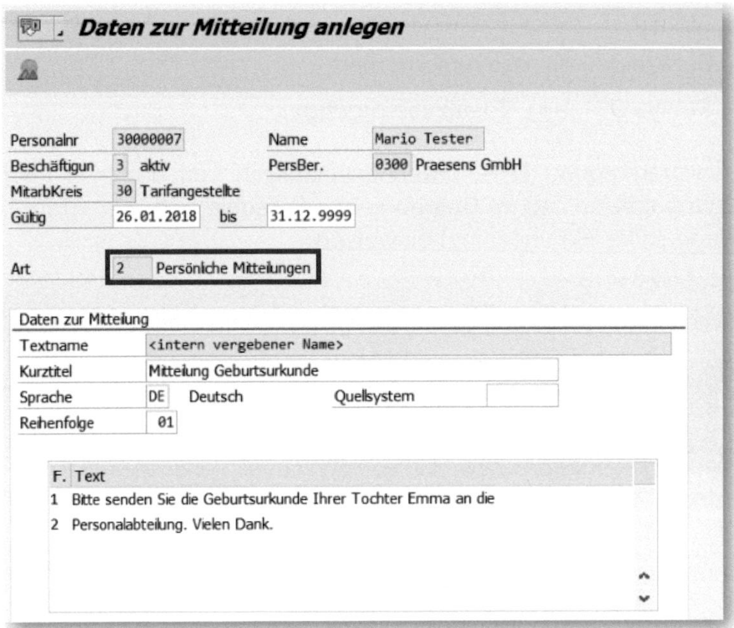

Abbildung 3.117: Infotyp 0128 – Mitteilungen

3.1.42 IT 0655 – ESS-Einstellungen für EGN

Wir machen jetzt einen großen Sprung in der Reihenfolge der Infotypen. Der Infotyp 0655 – ESS-Einstellungen für Entgeltnachweis, siehe Abbildung 3.118, wird von Unternehmen genutzt, die sogenannte ESS-Szenarien einsetzen. *ESS* steht für *Employee Self Services* und bietet den Mitarbeitern die Möglichkeit, Urlaubsanträge oder Stammdatenänderungen am Firmen-PC oder in den Fertigungsstätten an sogenannten Kiosk-Terminals selbst vorzunehmen. Im *Firmenportal* oder *IntraNet* können meist auch Entgeltnachweise aufgerufen und ausgedruckt werden.

Wird im Infotyp 0655 ein Haken im Bereich ESS-EINSTELLUNGEN ENTGELTNACHWEIS gesetzt, verhindert dies, dass für den Mitarbeiter ein Entgeltnachweis ausgedruckt wird. Mit dieser Maßnahme kann das Unternehmen Druck- und Versandkosten einsparen.

ESS-Einstellungen Entgeltnachweis anlegen

Personalnr 30000007 Name Mario Tester
Beschäftigun 3 aktiv PersBer. 0300 Praesens GmbH
MitarbKreis 30 Tarifangestellte
Gültig 01.01.2015 bis 31.12.9999

ESS-Einstellungen Entgeltnachweis
✓ Mitarbeiter nutzt ESS - nicht drucken

Abbildung 3.118: IT 0655 – ESS-Einstellungen für EGN

3.1.43 IT 2001 – Abwesenheiten

Die Ursachen für Abwesenheiten von Arbeitnehmern sind nicht nur auf Krankheit oder Urlaub beschränkt. Hier differenzieren Gehalts- und Zeitwirtschaft viel genauer, um allen rechtlichen Anforderungen gerecht zu werden. Man unterscheidet grundsätzlich zwischen Abwesenheiten mit und ohne Lohnfortzahlung. Um Abwesenheiten richtig zu bewerten, werden im Standard von Infotyp 2001, siehe Abbildung 3.119, sehr viele Abwesenheitsarten angeboten.

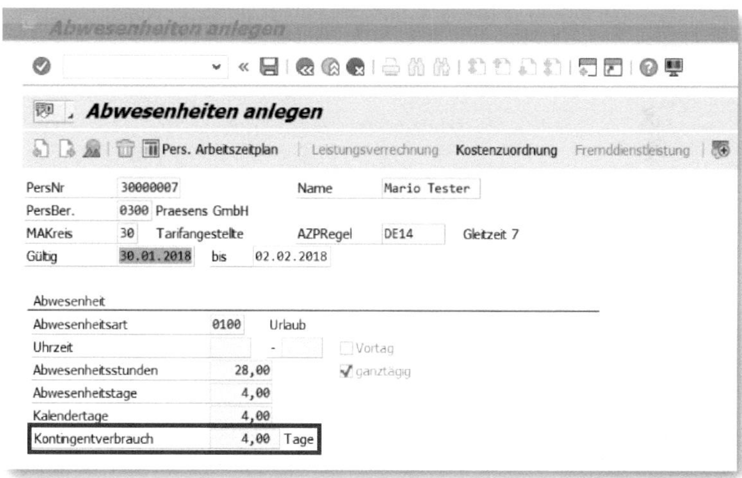

Abbildung 3.119: Infotyp 2001 – Abwesenheiten

Eine Abwesenheit einzugeben, ist einfach: Start- und Endedatum eintragen, Abwesenheitsart aussuchen und sichern. Die ABWESENHEITSART ist wie gewohnt als Subtyp verfügbar, den Sie in der Auswahlliste bestimmen, siehe Abbildung 3.120. Es können auch weitere Abwesenheitsarten durch den Systembetreuer eingerichtet werden. Allerdings ist hier die Anlage eines neuen Subtyps etwas komplexer, da im Customizing hinterlegt werden muss, ob und in welchem Maß die angelegte Abwesenheit für die Gehaltsabrechnung zahlungsrelevant ist oder nicht.

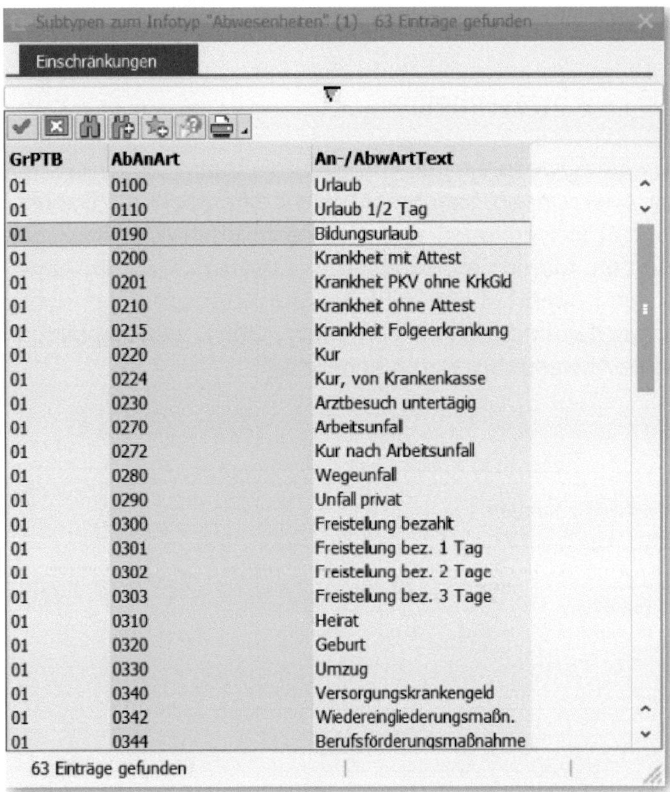

Subtypen zum Infotyp "Abwesenheiten" (1) 63 Einträge gefunden

Einschränkungen

GrPTB	AbAnArt	An-/AbwArtText
01	0100	Urlaub
01	0110	Urlaub 1/2 Tag
01	0190	Bildungsurlaub
01	0200	Krankheit mit Attest
01	0201	Krankheit PKV ohne KrkGld
01	0210	Krankheit ohne Attest
01	0215	Krankheit Folgeerkrankung
01	0220	Kur
01	0224	Kur, von Krankenkasse
01	0230	Arztbesuch untertägig
01	0270	Arbeitsunfall
01	0272	Kur nach Arbeitsunfall
01	0280	Wegeunfall
01	0290	Unfall privat
01	0300	Freistellung bezahlt
01	0301	Freistellung bez. 1 Tag
01	0302	Freistellung bez. 2 Tage
01	0303	Freistellung bez. 3 Tage
01	0310	Heirat
01	0320	Geburt
01	0330	Umzug
01	0340	Versorgungskrankengeld
01	0342	Wiedereingliederungsmaßn.
01	0344	Berufsförderungsmaßnahme

63 Einträge gefunden

Abbildung 3.120: Infotyp 2001 – Abwesenheitsarten

Im angelegten Infotyp 2001, siehe Abbildung 3.119, sehen Sie das Datenfeld KONTINGENTVERBRAUCH. Die sogenannten *Abwesenheits-*

kontingente werden im nachfolgenden Infotyp 2006 angelegt. Wird etwa die Abwesenheitsart »Urlaub« mit vier Arbeitstagen angelegt, werden diese automatisch vom angelegten Abwesenheitskontingent »Urlaub« abgezogen.

3.1.44 IT 2006 – Abwesenheitskontingente

Unter *Abwesenheitskontingent* versteht man die im Vertrag oder in einer Betriebsvereinbarung festgelegte Anzahl von Arbeitstagen, die der Arbeitnehmer als bezahlte oder unbezahlte Abwesenheit in Anspruch nehmen kann. Auch tariflich zugesicherte Abwesenheiten können als Kontingent in diesem Infotyp, siehe Abbildung 3.121, angelegt werden.

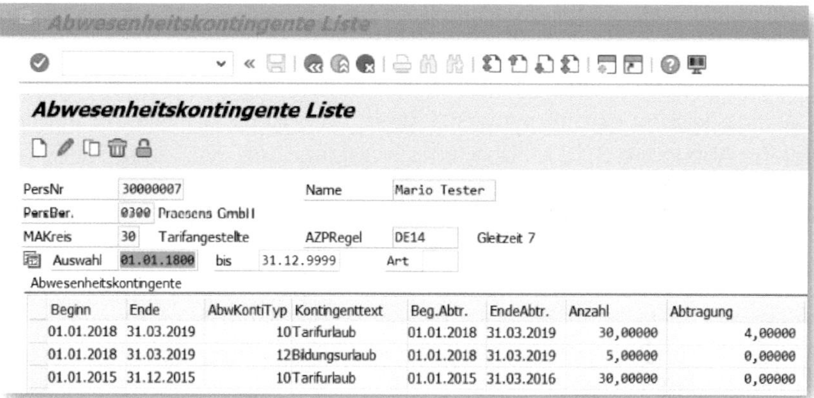

Abbildung 3.121: IT 2006 – Abwesenheitskontingente

In dem gezeigten Beispiel hat der Arbeitnehmer Anspruch auf »30« Tage *Tarifurlaub,* und auch die Bildung kommt nicht zu kurz: Hierfür werden »5« Abwesenheitstage zur Verfügung gestellt. Ob die Abwesenheit bezahlt oder unbezahlt ist, kann man hier nicht erkennen. Wem diese Information wichtig ist, der kann sie in der Abwesenheitsbeschreibung hinterlegen. Wird eine Abwesenheit mit Bezug auf ein Abwesenheitskontingent angelegt, werden die Tage automatisch vom Kontingent abgezogen. Die Dauer der Abtragung, meist bis zum 31.3. des Folgejahres, wird im Datenfeld ENDEABTR., also Ende des Abtragungszeitraums, angezeigt. Da es im Folgejahr bereits ein neues Kontingent an Urlaubstagen gibt, wird es im Customizing so gesteuert, dass gebuchte Abwesenheiten zuerst vom Vorjahreskontingent abgezogen werden, bis dieses verbraucht ist, und erst danach vom neuen Kontingent. Die Anzeige über den Stand der Abwesenheiten wird meist in einer kleinen Übersicht im Entgeltnachweis angezeigt (siehe Abbildung 3.122).

Urlaubsdaten

Art	Zeitraumbeginn	Zeitraumende	Anspruch	Abgetragen	Rest
Tarifurlaub	01.01.2018	31.12.2018	30,00	3,00	27,00
Bildungsurlaub	01.01.2018	31.12.2018	2,50	0,00	2,50
Tarifurlaub Stunden	01.01.2018	31.12.2018	210,00	0,00	210,00

Abbildung 3.122: Anzeige Urlaub im Entgeltnachweis

3.1.45 IT 0001 – Organisatorische Zuordnung

Warum kommt der Infotyp 0001 (fast) zum Schluss? Diesen Infotyp, siehe Abbildung 3.123, habe ich mir aufgehoben, weil er in Bezug auf die verschiedenen *Strukturen* im SAP HCM, die Sie in Kapitel 1 kennengelernt haben, einen besonderen Platz unter der großen Anzahl verfügbarer Infotypen einnimmt. Es gibt mehr als 350 Infotypen in HCM! Die Anlage des Infotyps 0001 ist ohne Infotyp 0000 – Maßnahmen nicht möglich. Die sogenannten *Maßnahmen* werde ich Ihnen im nachfolgenden Abschnitt 3.1.46 erklären. Erinnern wir uns noch einmal an die Strukturen:

- Unternehmensstruktur,
- Mitarbeiterstruktur,
- Organisationsstruktur.

In der Übersicht des Infotyps 0001 finden sich diese Strukturen wieder. Die UNTERNEHMENSSTRUKTUR ❶ mit den FI-Objekten Buchungskreis (BUKR.), Personalbereich (PERSBEREICH) und -teilbereich (TEILBER.) sowie dem CO-Objekt KOSTENSTelle ist für den Mitarbeiter angelegt. Der Geschäftsbereich (GESCHBER.) ist ein frei verfügbares Feld, in dem man firmenspezifisch noch zusätzliche Unterscheidungen hinterlegen kann. Die Zuordnung zur PERSONALSTRUKTUR ❷ (Mitarbeiterstruktur) erfolgt ebenso in dieser Oberfläche.

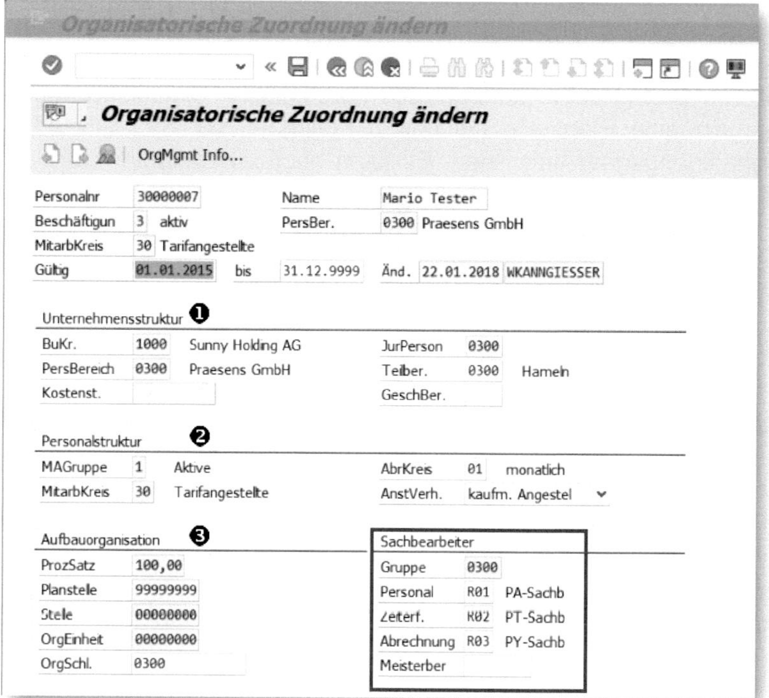

Abbildung 3.123: IT 0001 – Organisatorische Zuordnung

Auch das Anstellungsverhältnis (ANST.VERH.) ist anpassbar und hilft, beim Reporting die Zugehörigkeit des Mitarbeiters noch einmal mehr zu detaillieren. Im Standard finden sich hier Einträge wie

- Arbeiter Zeitlohn,
- kaufm. Angestellter,
- techn. Angestellter,
- Meister, Angestellt.

Der Begriff *Aufbauorganisation* ❸ steht an dieser Stelle für die Strukturen des Organisationsmanagements (OM), dessen Objekte ich schon im Abschnitt 1.3 kurz vorgestellt habe. PLANSTELLE, STELLE, ORGANISATIONSEINHEIT und ORGANISATIONSSCHLÜSSEL werden hier dem Mitarbeiter zugeordnet. Das Datenfeld PROZSATZ zeigt im Beispiel, dass der Mitarbeiter die Planstelle zu 100 % besetzt. Mitarbeiter, die zum Beispiel halbtags arbeiten, also einen Beschäftigungsgrad von 50 % haben, können sich durchaus im Organisationsmanagement eine Planstelle mit einem Kollegen, der ebenfalls 50 % Beschäftigungsgrad hat, teilen. Es kann auch vorkommen, dass ein Mitarbeiter eine Planstelle zu 25 % besetzt und mit 75 % einer anderen Planstelle zugeordnet ist. Die Motive für diese anteiligen Besetzungen einer Planstelle können sehr verschieden sein; in den meisten Fällen sind Auslöser dieser Zuordnungen Kostenverteilungen für interne Verrechnungen.

Ein zusätzlicher Bereich in der Oberfläche ist die Zuordnung des Mitarbeiters zu den verschiedenen SACHBEARBEITERN. SAP stellt hier eine Funktion zur Verfügung, über die für ABRECHNUNG, ZEITWIRTSCHAFT und PERSONALADMINISTRATION verschiedene Sachbearbeiter-Kollegen zugeordnet werden können. In kleineren Unternehmen kann es vorkommen, dass alle drei Datenfelder mit demselben Sachbearbeiter-Kürzel hinterlegt werden. Die Sachbearbeiter können in sogenannten *Sachbearbeitergruppen* mit Anrede, Name und Telefonnummer angelegt werden. Jeder Sachbearbeiter erhält ein Kürzel, das in die Datenfelder eingegeben wird. Über dieses Kürzel zieht der Entgeltnachweis z. B. die Daten für den Text *»Bei Rückfragen wenden Sie sich bitte an Herrn Abrechner, Tel.: 01234-56789«.* Das Druckprogramm nimmt sich das Kürzel aus dem Infotyp 0001, zieht aus der Tabelle der Sachbearbeitergruppen die dazu hinterlegten Daten und fügt sie im Entgeltnachweis im Textteil ein (siehe Abbildung 3.124).

SAP Entgeltabrechnung

Im September 2017

Bei Rückfragen wenden Sie sich bitte an Herrn
Holger Ringer Tel.: 0771/7260-2221

Persönliche
Personalnr.:
Kostenstelle:
Tarifgr./-stufe:

Abbildung 3.124: Anzeige Sachbearbeiter im Entgeltnachweis

Das Datenfeld MEISTERBEREICH ist ein sogenanntes *Freifeld* und kann kundenspezifisch verwendet werden.

Der Infotyp 0001 ist nicht einfach so anlegbar. Er kann nur im Rahmen einer sogenannten *Einstellungsmaßnahme* erstmalig für einen Mitarbeiter eingerichtet werden. Ändert sich die organisatorische Zuordnung des Mitarbeiters, geschieht dies meist aus den *statusverändernden Gründen*. Darunter versteht SAP HCM unter anderem:

- Einstellung,
- organisatorischer Wechsel,
- Änderung der Bezüge,
- Austritt,
- Wiedereintritt,
- Altersteilzeit,
- Entsendung.

Die Änderung der Zuordnung bewirkt, dass ein Datensatz im Infotyp 0001 ab dem Beginn der Änderung neu angelegt und zum vorherigen Datensatz abgegrenzt wird.

3.1.46 IT 0000 – Maßnahmen

Eigentlich ist dies kein »richtiger« Infotyp, sondern die fest vordefinierte Zusammenfassung logisch zusammenhängender Infotypen zu einer *Infotypgruppe*. Das bedeutet: Sobald Sie eine Maßnahme durchführen, wird Ihnen, nachdem Sie einen Infotyp mit Daten gefüllt und gesichert haben, automatisch der nächste Infotyp zum Bearbeiten geöffnet usw. Um eine *Maßnahme* durchführen zu können, wählen Sie die Transaktion *PA40* (siehe Abbildung 3.125).

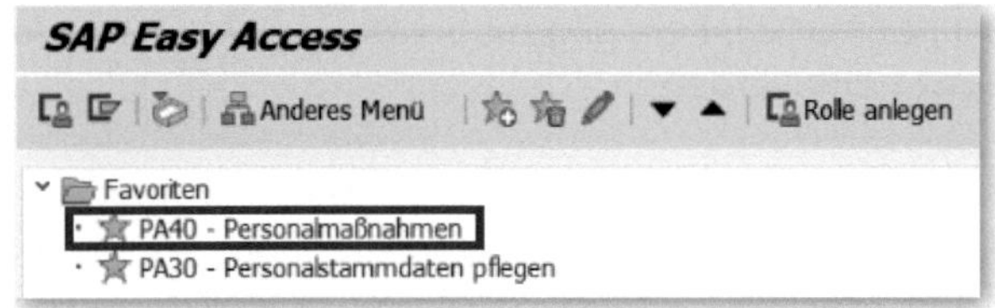

Abbildung 3.125: Favorit »Personalmaßnahmen«

Maßnahmen können nur über diese Transaktion angelegt werden. In der Transaktion *PA30* können Sie sich ausschließlich die für den Mitarbeiter durchgeführten Maßnahmen ansehen.

Einschränkungen für Maßnahmen

Im Infotyp 0000 – Maßnahmen kann nur eine Maßnahmenart pro Tag gespeichert werden. Wenn Sie für einen Mitarbeiter mehrere Maßnahmenarten an einem Tag durchführen und protokollieren wollen, beachten Sie die Beschreibung des Infotyps 0302 – Ergänzende Maßnahmen, siehe Abschnitt 3.1.47.

Einstellungsmaßnahme

Nehmen wir einmal eine einfache Einstellungsmaßnahme: den sogenannten »Ministamm«. Diese Maßnahme startet mit dem Infotyp 0001 – Organisatorische Zuordnung. Danach erscheint der Infotyp 0002 – Daten zur Person. Als Nächstes geben Sie die Adressdaten im Infotyp 0006 – Anschriften ein. Erst mit all diesen Daten ist der neue Mitarbeiter im SAP HCM angelegt.

Die Oberfläche der Maßnahme, siehe Abbildung 3.126, benötigt als Erstes das Startdatum (Eintrittsdatum oder Datum der Statusänderung).

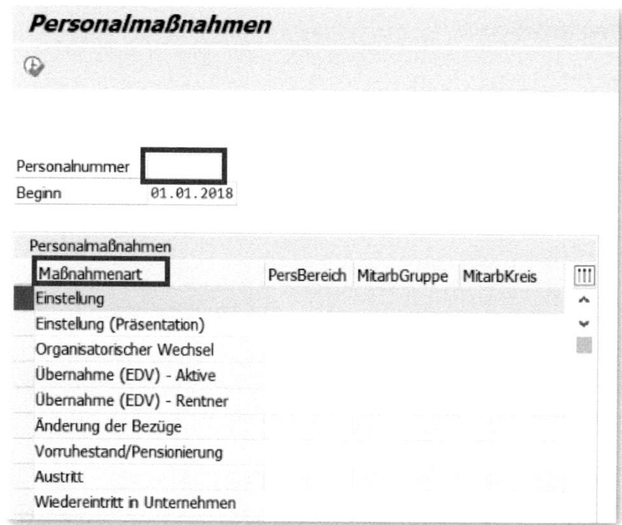

Abbildung 3.126: Maßnahme – Einstiegsoberfläche

Die PERSONALNUMMER ist noch nicht vergeben, das Feld bleibt erst einmal leer. Danach wählen Sie die MAßNAHMENART und geben die ersten Zuordnungen zur Mitarbeiter- und Unternehmensstruktur ein. Wenn Sie die genauen Kurzbezeichnungen der Strukturelemente nicht kennen, öffnen Sie die Auswahlliste mit der Taste F4 und wählen das richtige Objekt aus.

Personalnummer
Beginn 01.01.2018

Personalmaßnahmen

Maßnahmenart	PersBereich	MitarbGruppe	MitarbKreis
Einstellung	0300	1	30
Einstellung (Präsentation)			

Abbildung 3.127: Organisatorische Daten

Für das Beispiel in Abbildung 3.127 sind als MAßNAHMENART die Einstellungsmaßnahme ausgewählt und die ersten Zugehörigkeiten festgelegt. Nun drücken wir das Icon (Ausführen) und starten so die ausgewählte Maßnahme.

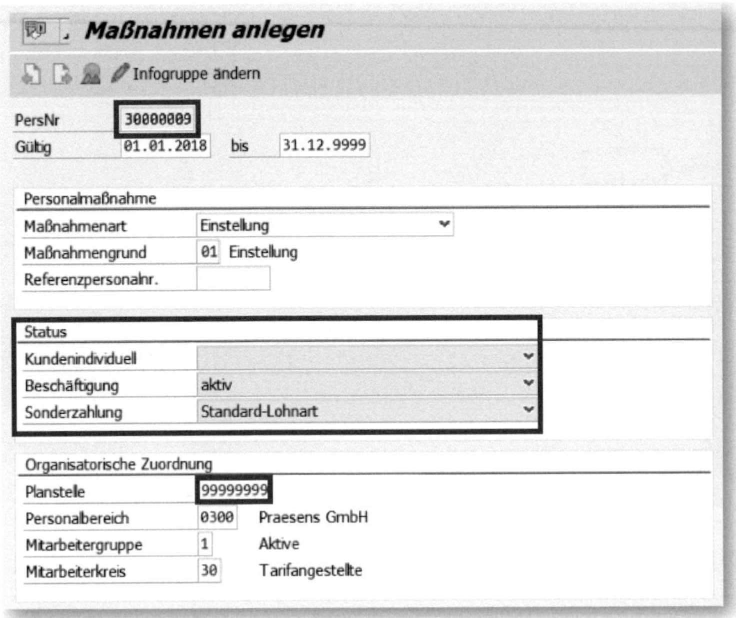

Abbildung 3.128: Start der Einstellungsmaßnahme

Die Angabe im Datenfeld MAẞNAHMENGRUND kann firmenspezifisch angepasst werden. Sie dient auf der einen Seite statistischen Zwecken; wenn als Grund der Austrittsmaßnahme z. B. *Kündigung durch Arbeitgeber* oder *Kündigung durch Arbeitnehmer* gewählt wird, kann dieses Feld zwecks Fluktuationsbetrachtung ausgewertet werden. Auf der anderen Seite sind an der Kombination aus MAẞNAHMENART und -GRUND bestimmte Reaktionen im System hinterlegt. Als anschauliches Beispiel ist hier die Erzeugung einer DEÜV-Meldung zu betrachten. Bei der Eintrittsmaßnahme *01 Einstellung* wird die Meldung mit dem Meldeschlüssel *10 Beginn der Beschäftigung*, bei der Austrittsmaßnahme *02 Kündigung durch Arbeitgeber* die DEÜV-Meldung mit dem Meldeschlüssel *30 Ende der Beschäftigung* ausgelöst.

Die Maßnahme verlangt noch die Eingabe eines STATUS. Erfahrungsgemäß werden in den Unternehmen die Standardvorgaben von SAP nicht geändert, sondern wie in Abbildung 3.128 zu sehen verwendet.

Status in der Maßnahme

Der erste Status ist KUNDENINDIVIDUELL und wird in der Standardauslieferung nicht benutzt. Status 2 gibt Auskunft über das BESCHÄFTIGUNGsverhältnis des Mitarbeiters. Diese Angaben werden für das Reporting und die sogenannte Zeitstreckenprüfung verwendet. Bei der *Zeitstreckenprüfung* wird verprobt, ob zum angegebenen Status 2 des Mitarbeiters in den Infotypen 0000, 0001 und 0002 jeweils ein gültiger Datensatz vorhanden ist. Erst wenn der Status 2 zum Beispiel *0 (ausgetreten)* ist, können diese Datensätze abgegrenzt werden.

Im Bereich ORGANISATORISCHE ZUORDNUNG wird auch die Zuordnung zu einer PLANSTELLE erwartet. Ist in Ihrem Unternehmen das Organisationsmanagement im Einsatz, wird Ihnen diese Information bekannt sein. Ist die Integration der Personalabteilung zum Organisationsmanagement nicht aktiv, können Sie das Feld leer lassen, oder Sie verwenden die Default-Planstelle *99999999*. Wenn Sie nun Ihre Eingaben sichern, wird vom System in der Regel automatisch eine Personalnummer vergeben.

Personalnummernvergabe

Die Vergabe der Personalnummern kann mit zwei Methoden eingerichtet werden: Bei der *Internen Nummernvergabe* wird die Personalnummer durch das SAP-HCM-System automatisch erstellt. Bei der *Externen Nummernvergabe* können Sie die Nummer selbst auswählen. Es wird in diesem Fall geprüft, ob für die Vergabe der Nummer ein sogenannter *Nummernkreis*, z. B. 00100000 bis 00109999, einzuhalten ist. Viele Unternehmen wünsche sich die Personalnummer »sprechend«, damit Mitarbeiter der Personalabteilung an ihr ablesen können, zu welchem Unternehmensteil der Mitarbeiter gehört. Diese Vorgehensweise wird von Beratern in der Regel nicht befürwortet. Spätestens bei einem Wechsel des Mitarbeiters in einen anderen Unternehmensteil funktioniert das schon nicht mehr, da die Personalnummer bei einem organisatorischen Wechsel meist mitgenommen wird.

Den Werdegang eines Mitarbeiters können Sie am besten in der Maßnahmenübersicht betrachten. Dazu wählen Sie in der Transaktion *PA30* die Personalnummer, markieren den Infotyp 0000 – Maßnahme und drücken das Icon . Sie erhalten dann zu diesem Mitarbeiter die Übersicht über alle durchgeführten Maßnahmen, siehe Abbildung 3.129.

Beschäftigun	3 aktiv		PersBer.	0300 Praesens GmbH
MitarbKreis	70 Gewerbliche Akk.-..			
Auswahl	01.01.1800	bis	31.12.9999	

Beginn	Ende	M...	Maßnahmenartbez.	Ma...	Maßnahmengrundbez.
06.09.2013	31.12.9999	02	Organisatorischer Wech..		
01.06.2013	05.09.2013	01	Einstellung		

Abbildung 3.129: Übersicht Maßnahmen

Unternehmensspezifische Maßnahmen

Erkundigen Sie sich bei Ihren Kollegen, wie die Prozesse um die Themen »Austritt«, »Eintritt« und »organisatorischer Wechsel« gestaltet sind. Es gibt Einstellungsprozesse, bei denen Sie als Personalsachbearbeiter alle Infotypen zu bearbeiten haben. Es gibt aber auch Fälle, bei denen der Einstellungsprozess zwischen Personaladministration und Gehaltsabrechnung aufgeteilt ist. Hier beschränkt sich die Einstellungsmaßnahme auf alle nicht abrechnungsrelevanten Infotypen. Anschließend übernimmt die Abteilung Lohn/Gehalt und pflegt alle abrechnungsrelevanten Infotypen in einer weiteren Maßnahme ein.

3.1.47 IT 0302 – Ergänzende Maßnahmen

Der Infotyp 0302 erlaubt Ihnen die stichtagsbezogene, automatische Protokollierung aller Maßnahmenarten, die für einen Mitarbeiter durchgeführt werden. Damit können Sie für einen Mitarbeiter mehrere Maßnahmenarten an einem Tag durchführen und dies im System dokumentieren. Damit Sie den Infotyp 0302 überhaupt nutzen können, muss dies im Grund-Customizing eingestellt werden. Der Infotyp ist nicht in der Transaktion *PA30* pflegbar. Sie können die im Infotyp 0302 protokollierten Datensätze in der Übersicht des Infotyps 0000 (siehe Abbildung 3.129) anzeigen und pflegen.

3.2 Zusammenfassung Infotypen PA

Sie haben von den über 350 existierenden Infotypen in der Personaladministration von SAP HCM sehr viele mit ganz unterschiedlichen Funktionen kennengelernt. Ich habe Ihnen bewusst diejenigen Infotypen vorgestellt, mit denen Sie mit Sicherheit arbeiten werden. Es bleiben noch einige, die in SAP HCM einen besonderen Platz einnehmen und sehr erklärungsbedürftig sind. Beispiele wären die Infotypen zu den Themen »Pfändung« (IT 0111-IT 0117) oder »Betriebliche Altersversorgung« (IT 0699). Sie sind in ihrer Anlage äußerst komplex und erfordern in den meisten Fällen eine zusätzliche Schulung bzw. Einweisung, damit in der Abrechnung aus den Eingaben ein rechtlich und rechnerisch richtiges Ergebnis erzielt wird. Informationen zu diesen abrechnungsrelevanten Prozessen finden Sie im Buch »SAP ERP Personalabrechnung und Administration« von Stefan Endrejat, Espresso Tutorials Verlag. Das Buch wird noch 2018 erscheinen.

4 Transaktionen in SAP HCM

Transaktionen sind ein unentbehrliches Hilfsmittel in der täglichen Arbeit. Sie können zu Programmen, Reports und Tabellen führen, die Sie im Rahmen Ihrer Funktion bearbeiten. In den folgenden Abschnitten zeige ich Ihnen, wie Sie Transaktion finden und verwenden können. Einige Transaktionen, die für SAP HCM unentbehrlich sind, werde ich Ihnen näher beschreiben.

Ich habe einmal recherchiert, wie viele Transaktionen in einem SAP-ERP-System (über alle Module betrachtet) angelegt sind: 132.123 Treffer hat die Auswertung ergeben. Keine Sorge, Sie müssen nicht alle kennen! Wenn ich die Suche auf Personaladministration, Abrechnung und Zeitwirtschaft reduziere, bleiben »nur noch« 1.671 Transaktionen über. Auch die werden Sie sich nicht alle merken können. Wie Sie zur passenden Transaktion für Ihr Anliegen gelangen, habe ich Ihnen bereits ausführlich in Abschnitt 2.2 beschrieben. Nachfolgend möchte ich Ihnen nun einige Transaktionen beschreiben, die hilfreich für das Tagesgeschäft der Personaladministration sein werden.

Transaktionen

Transaktionen sind ein wichtiger Bestandteil des Themas »Berechtigungen«. Wenn Sie ein Druck- oder ein Abrechnungsprogramm ohne Transaktion starten wollen, können Sie dies nur in der Transaktion *SE38 (ABAP Editor)* durchführen. Da sich mit dieser Transaktion jedoch alle existierenden Reports aufrufen lassen, werden Sie die Berechtigung für den allgemeinen Reportaufruf in der Regel nicht haben. Stattdessen werden Sie für alle Reports, die Sie in Ihrer Funktion ausführen dürfen, eine Transaktionsberechtigung erhalten, mit der Sie nur die für Ihre Tätigkeit benötigten Reports starten dürfen. Das Gleiche gilt für die Bearbeitung von Tabellen.

4.1 TA SE93 – Transaktionen suchen

Es gibt tatsächlich eine Transaktion, mit der Sie sämtliche anderen Transaktionscodes suchen und finden können. Nach der Eingabe eines Suchkürzels in das Transaktionsfeld und Klick auf ANZEIGEN (siehe Abbildung 4.1) öffnet sich eine Suchmaske, Abbildung 4.2, mit der Sie gezielt eine bestimmte Transaktion recherchieren können.

Abbildung 4.1: Transaktionssuche

In unserem Beispiel wollen wir alle Transaktionen ausgegeben haben, die mit *PA* anfangen.

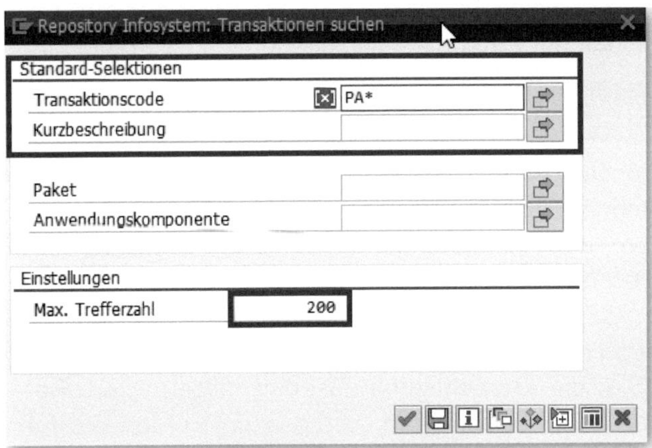

Abbildung 4.2: Selektionen im Suchfeld TA93

Es gehört ein wenig Erfahrung dazu, das richtige Suchkürzel oder den richtigen Suchtext im Feld KURZBESCHREIBUNG einzusetzen. Wenn Sie sich in der Einstiegsoberfläche die Transaktionen einblenden lassen, siehe Abbildung 2.10, werden Sie mit der Zeit die von der SAP verwendeten Namenskonventionen schneller herausbekommen. Sie können sich die Transaktion aus der Ergebnisliste kopieren, siehe Abbildung 4.3, zurück zur Oberfläche gehen und dort die gefundene Transaktion im TRANSAKTIONSFELD, siehe Abbildung 2.12, eingeben. Alternativ führen Sie einen Doppelklick auf der gewünschten Transaktion aus, klicken auf das Icon und gelangen so in die gewünschte Anwendung.

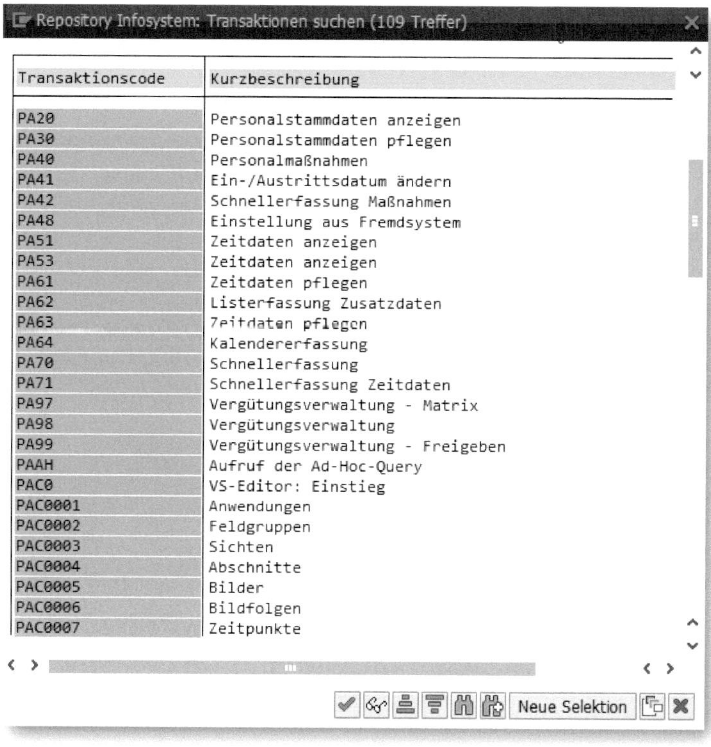
Repository Infosystem: Transaktionen suchen (109 Treffer)

Transaktionscode	Kurzbeschreibung
PA20	Personalstammdaten anzeigen
PA30	Personalstammdaten pflegen
PA40	Personalmaßnahmen
PA41	Ein-/Austrittsdatum ändern
PA42	Schnellerfassung Maßnahmen
PA48	Einstellung aus Fremdsystem
PA51	Zeitdaten anzeigen
PA53	Zeitdaten anzeigen
PA61	Zeitdaten pflegen
PA62	Listerfassung Zusatzdaten
PA63	Zeitdaten pflegen
PA64	Kalendererfassung
PA70	Schnellerfassung
PA71	Schnellerfassung Zeitdaten
PA97	Vergütungsverwaltung - Matrix
PA98	Vergütungsverwaltung
PA99	Vergütungsverwaltung - Freigeben
PAAH	Aufruf der Ad-Hoc-Query
PAC0	VS-Editor: Einstieg
PAC0001	Anwendungen
PAC0002	Feldgruppen
PAC0003	Sichten
PAC0004	Abschnitte
PAC0005	Bilder
PAC0006	Bildfolgen
PAC0007	Zeitpunkte

Neue Selektion

Abbildung 4.3: Suchergebnis TA93

Wechsel zwischen Transaktionen

Wenn Sie sich in einer Anwendung befinden und zu einer anderen, beispielsweise der *PA40,* wechseln möchten, können Sie folgenden kleinen Trick anwenden: Geben Sie */N* + neue Transaktion ein, für das Beispiel also */NPA40*, wenn Sie zur »Maßnahme« wechseln wollen. */N* beendet den Modus und wechselt in einen neuen. Wenn Sie statt */N* den Vorsatz */O* + neue Transaktion eingeben, wird die neue Transaktion parallel in einem weiteren Modus geöffnet.

4.2 TA PC00_M02_LINFO – IT-Übersicht

Sie haben im Kapitel 3 sehr viele Infotypen zur Mitarbeiterstammdatenpflege kennengelernt. Mit der Transaktion *PC00_M02_LINFO* können Sie sich eine Übersicht über alle Infotypendatensätze anzeigen lassen, die für einen Mitarbeiter angelegt worden sind (siehe Abbildung 4.4). Dazu geben Sie die PERSONALNUMMER des Mitarbeiters ein, für den Sie die Übersicht erzeugen wollen, und klicken auf das Icon , um das Programm zu starten.

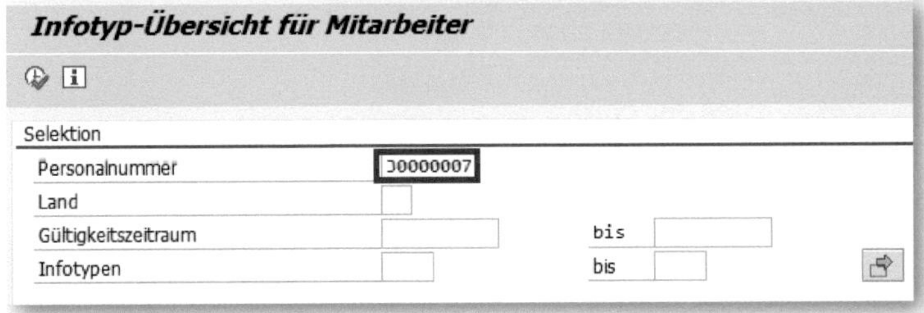

Abbildung 4.4: Infotyp-Übersicht – »Selektion«

Nach einer Laufzeit, die von der Anzahl der angelegten Datensätze abhängig ist, erhalten Sie eine komplette Auflistung aller Infotypen, die für diese Personalnummer angelegt wurden. Wenn Sie in der angezeigten Ordnerstruktur einen Ordner öffnen, sehen Sie die einzelnen Datensätze und können per Doppelklick in die Anzeige eines konkreten Datensatzes abspringen, siehe Abbildung 4.5.

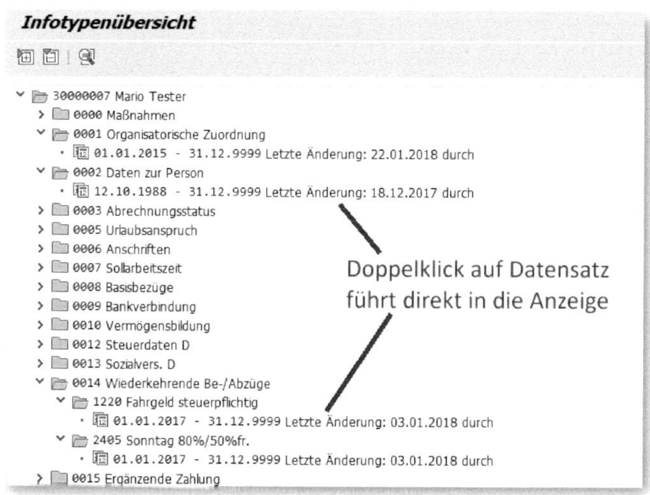

Abbildung 4.5: Infotypenübersicht – Absprung Einzelaufruf

4.3 TA PA61 – Zeitdaten pflegen

Wenn Sie Ihre Tätigkeit als »Sachbearbeiter Zeitwirtschaft« ausführen, werden Sie statt der Transaktion *PA30 – Stammdatenpflege* die Transaktion *PA61 – Zeitdaten pflegen* einsetzen. In dieser werden Ihnen nur die Infotypen angeboten, die einen zeitwirtschaftlichen Bezug haben, siehe Abbildung 4.6.

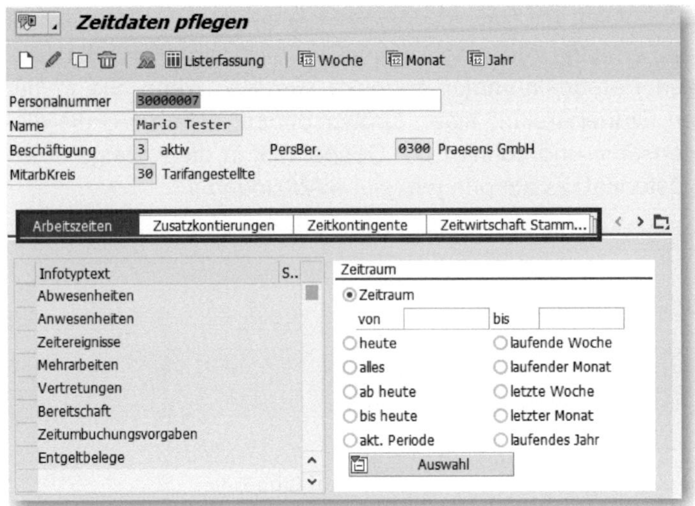

Abbildung 4.6: TA 61 – Zeitdaten pflegen

Neben dem »Personalsachbearbeiter Zeitwirtschaft« verwenden auch sogenannte *Zeitbeauftragte* im Unternehmen diese Transaktion. Dabei handelt es sich in der Regel um Vorgesetzte in der Fertigung, die für ihre Mitarbeiter Zeiten, Zuschläge und Zulagen direkt in dieser Transaktion pflegen. Sie entlasten mit ihren Eingaben die Personalabteilung erheblich, da die erfassten Zeiten nicht über ein Blatt Papier oder eine Excel-Tabelle in die Personalabteilung gemeldet, sondern direkt im System eingetragen werden. Alle anderen Transaktionen sind für die Zeitbeauftragten nicht zugänglich.

4.4 Transaktionen zur Gehaltsabrechnung

Wenn Sie als »Sachbearbeiter Abrechnung« eingesetzt sind, werden Ihnen die in Abbildung 4.7 gezeigten Transaktionen sehr bald geläufig sein.

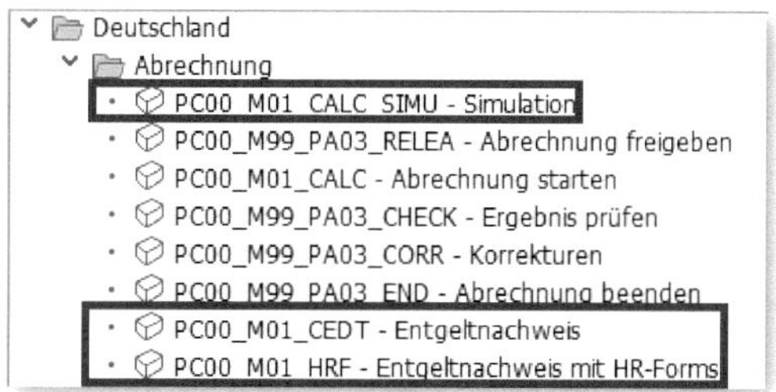

Abbildung 4.7: Transaktionen Gehaltsabrechnung

Die Transaktion *PC00_M01_CALC_SIMU* ruft das Abrechnungsprogramm für die deutsche Gehaltsabrechnung auf. In der Simulation wird nicht hart abgerechnet oder verbucht. Sie können, nachdem Sie die Gehaltsbestandteile eines Mitarbeiters geändert haben, Ihre Eingaben mit dieser Einstellung überprüfen und für die nächste Gehaltsperiode eine simulierte Abrechnung erzeugen.

Die Transaktionen *PC00_M01_CEDT* und *PC00_M01_HRF* können Sie verwenden, wenn Sie für einen oder mehrere Mitarbeiter einen Entgeltbeleg erzeugen wollen. Der Unterschied zwischen beiden Transaktionen ist der Editor des eingesetzten Entgeltformulars:

- Haben Sie ein Formular im SAP-Standard (SAP SCRIPT), verwenden Sie die Transaktion *PC00_M01_CEDT*.
- Wenn Sie in Ihrem Unternehmen bereits PDF-Formulare für den Entgeltnachweis einsetzen, ist die Transaktion *PC00_M01_HRF* die richtige Wahl.

4.5 Transaktionen im DEÜV-Meldungswesen

In den Aktivitäten nach der erfolgten Gehaltsabrechnung helfen Ihnen einige Transaktionen, die Arbeiten vollständig durchzuführen. Bei der DEÜV-Meldung, siehe auch Abschnitt 3.1.18, gibt es schon Einiges zu bearbeiten und zu erledigen. Greifen wir uns aus dem komplexen Abrechnungsthema beispielhaft nur mal die Meldung für den Mitarbeiter heraus; sie wird mit der Transaktion *PC00_M01_DEUEV* erstellt.

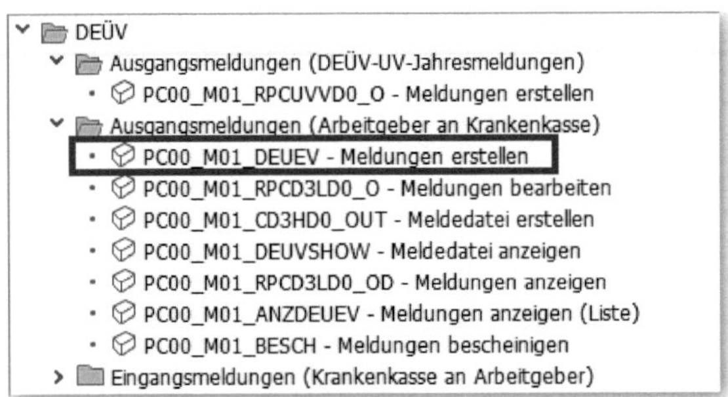

Abbildung 4.8: Transaktionen DEÜV-Meldewesen

In den meisten Personalabteilungen, die ich kenne, gibt es – gerade was die Folgeaktivitäten nach der Abrechnung angeht – einen Ablaufplan, der Ihnen sicher von den erfahrenen Kollegen zur Verfügung gestellt wird. Detaillierter will ich auf diesen Bereich nicht eingehen – der bietet annähernd genügend Stoff für ein eigenes Buch.

4.6 Transaktionen für das Steuerwesen

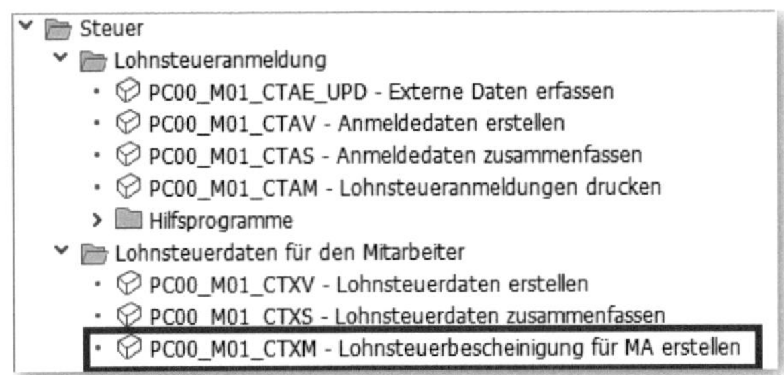

Abbildung 4.9: Transaktionen Steuerwesen

Für den Bereich der korrekten Steuermeldung und -bescheinigung gilt das Gleiche wie für die DEÜV-Meldungen. Auch hier werden die Arbeitsschritte meist in einem unternehmenseigenen Ablaufplan hinterlegt und sollten auch in dieser Reihenfolge durchgeführt werden. Ist ein Mitarbeiter ausgetreten und Sie wollen ihm eine Steuerbescheinigung zur Vorlage beim neuen Arbeitgeber erstellen, verwenden Sie die Transaktion *PC_00_M01_CTXM.*

Kennzeichen M01 in Transaktionen (MOLGA)

Das Kennzeichen M01 in der Transaktion bezieht sich auf die sogenannte *MOLGA*. Diese Bezeichnung dient der eindeutigen Zuordnung zu einem Land. Sie hat nichts mit der Sprache zu tun. An diesem Kennzeichen erkennt man, für welches Land ein Programm oder eine Transaktion eingerichtet wurde, zum Beispiel:

M01 = Deutschland,
M02 = Schweiz,
M03 = Österreich,
M10 = USA.

Die Transaktion *PC00_M02_LINFO* für die Infotypen zur IT-Übersicht, siehe Abschnitt 4.2, wurde augenscheinlich für die Schweiz programmiert. Es kommt also auch vor, dass eine Transaktion oder ein Programm, das in Deutsch verfasst wurde, in anderen deutschsprachigen Ländern ohne weitere Anpassung zur Verfügung steht.

4.7 TA PM20 – Bescheinigungswesen

Mit dieser Transaktion erstellen Sie Bescheinigungen für Ihre Mitarbeiter. Die Anforderungen an eine Bescheinigung können die unterschiedlichsten Gründe haben. Es gibt die »Zeugenschaftliche Auskunft« zur Vorlage bei Gericht, die Einkommensbescheinigung zur Vorlage beim Vermieter und viele andere mehr. SAP unterteilt die Auskünfte in verschiedene Sparten:

- Sozialversicherungsträger,
- Bundesagentur für Arbeit,
- Gemeinden/Amtsgerichte,
- Arbeitgeber/Versicherung,
- Betriebliche Altersversorgung.

Diese finden sich in verschiedenen Reitern in der Auswahlübersicht wieder, siehe Abbildung 4.10:

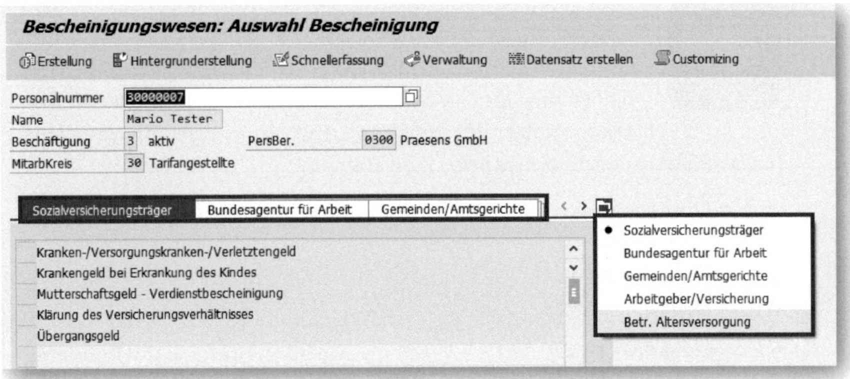

Abbildung 4.10: Auswahl Bescheinigungen TA PM20

Aktuell sind über 30 verschiedene Bescheinigungen verfügbar, siehe Abbildung 4.11. Sie werden, wenn es gesetzliche Änderungen gibt, von der SAP angepasst. Dies geschieht über *SAP-Hinweise* oder durch das Einspielen sogenannter *Service-Packages*, die jeweils von der SAP zur Verfügung gestellt werden. Diese Änderungen werden von Ihrem Systembetreuer in das SAP-HCM-System übernommen.

ID	Info	Bescheinigungstext	Monate	Formular	Me...
0011	i	Kranken-/Versorgungskranken-/Verletztengeld	03	HR_DE_BW_KVVU	0011
0012	i	Krankengeld bei Erkrankung des Kindes	03	HR_DE_BW_ERKKIND	0012
0013	i	Mutterschaftsgeld - Verdienstbescheinigung	03	HR_DE_BW_MUTTER	0013
0014	i	Klärung des Versicherungsverhältnisses	12	HR_DE_BW_VERSICH	0000
0017	i	Übergangsgeld	03	HR_DE_BW_UEBER	0000
0018	i	Pflegeunterstützungsgeld	01	HR_DE_BW_PFLUNTG	0000
0019	i	Krankengeld bei Erkrankung des Kindes - 2015	01	HR_DE_BW_ERKK_15	0000
0021	i	Arbeitsbescheinigung § 312 SGB III	12	HR_DE_BW_ARBEIT	0000
0022	i	Arbeitslosenhilfe - Verdienstb. gem. §§ 315, 319 S...	03	HR_DE_BW_ARBLOHI	0000
0023	i	Bescheinigung über Nebeneinkommen nach § 313...	01	HR_DE_BW_NEBENEK	0000
0024	i	Ausbildungsbescheinigung	36	HR_DE_BW_AZUBI	0000
0025	i	Fortdauer/Ende der Berufsausbildung	36	HR_DE_BW_AZUBI_F	0000
0026	i	Arbeitslosengeld II - Sozialgeld gem. SGB II	01	HR_DE_BW_AGELDII	0000
0027	i	Erstattungsantrag - Altersteilzeit	01	HR_DE_BW_ERSTATZ	0000
0028	i	Verdienstbescheinigung Kinderzuschlag gem. § 6a ...	06	HR_DE_BW_KIZUSCH	0000
0029	i	Arbeitsbescheinigung § 312 SGB III - Zusatzblatt A...	12	HR_DE_BW_ARB_ATZ	0000
0031	i	Zeugenschaftliche Auskunft	12	HR_DE_BW_ZEUGAUS	0000
0032	i	Leistungen, Anwartschaften und Aussichten auf ei...	01	HR_DE_BW_RENTE	0000
0033	i	Verdienstb. für wohnrechtliche Zwecke WoGG, W...	12	HR_DE_BW_WOHN	0000
0034	i	- nicht mehr verwendet, Bescheinigung wird gelös...	12	HR_DE_BW_SOZWOHN	0000
0035	i	Wehrdienst - Verdienstb. nach §§ 5, 7, 7a und § ...	12	HR_DE_BW_WEHRDIE	0000
0036	i	Wehrübung - Verdienstausfallersatz nach § 6 Abs. ...	01	HR_DE_BW_WEHRUEB	0000
0037	i	Verdienstbescheinigung § 117 SGB XII	12	HR_DE_BW_ZEUGAUS	0000
0038	i	Verdienstb. zu Unterhaltsvorschuss/Vormundschaft	12	HR_DE_BW_ZEUGAUS	0000
0039	i	Arbeitgeberbescheinigung zum Erziehungsgeldantr...	12	HR_DE_BW_ERZIEH	0000
0040	i	Verdienstbescheinigung zum Antrag auf Elterngeld	12	HR_DE_BW_ELTG_VB	0000
0041	i	Arbeitgeberbescheinigung Teilzeit / Zusch. MSG. f...	01	HR_DE_BW_ELTG_TM	0000
0051	i	Arbeits- und Zwischenbescheinigung	01	HR_DE_BW_ARBUZWI	0000
0052	i	Allgemeine Arbeitsbescheinigung	01	HR_DE_BW_ALLGARB	0000
0053	i	Allgemeine Verdienstbescheinigung	03	HR_DE_BW_ALLVERD	0000
0054	i	Regressberechnung	12	HR_DE_BW_REGRESS	0000
0081	i	Arbeitsbescheinigung § 312 SGB III (Version 2017)	12	HR_DE_BW_ARB_17	0000

Abbildung 4.11: Bescheinigungen in TA PM20

5 Standardreports in SAP HCM

Auswertungen aus dem Personalwirtschaftssystem sind für die strategische Personalplanung sehr wichtig und erzeugen Kennzahlen, mit denen die Geschäftsführung ihre Planung und Entscheidungen in Bezug auf Auftragslage, Auslastung und Einsatzplanung stützt. Aber auch rein informative Kennzahlen werden im normalen Geschäftsbetrieb immer wieder abgefragt. Die Personalabteilung soll dies schnell und genau liefern. Standardreports liefern zwar nicht immer genau die Zahlenkombinationen, die abgefragt werden, bilden aber die Grundlage für firmenspezifische Reports, die Ihnen der Systembetreuer oder der Programmierer zur Verfügung stellt. In den nachfolgenden Abschnitten stelle ich Ihnen einige der im Personalmanagement häufig verwendeten SAP-Standardreports vor.

Die im Standard von der SAP zur Verfügung gestellten Auswertungsreports zu Mitarbeitern finden Sie in der Einstiegsoberfläche über die Ordner PERSONAL • INFORMATIONSSYSTEM • BERICHTE • PERSONALMANAGEMENT • ADMINISTRATION • MITARBEITER, siehe Abbildung 5.1.

Diese Auswertungsreports sind jeweils mit einer Transaktion aufrufbar. Diese Transaktionen sind bereits im Ordner MITARBEITER abgelegt und können von Ihnen ganz einfach durch Doppelklick aufgerufen werden. Die Selektionsmasken, die sich dann bei den jeweiligen Reports öffnen, sind kontextspezifisch. Um Ihnen ein Gefühl für den Umgang mit den Standardreports zu geben, möchte ich Ihnen im Folgenden drei Reports beispielhaft vorstellen, die Ihnen in Ihrem Alltag vermutlich häufiger begegnen werden.

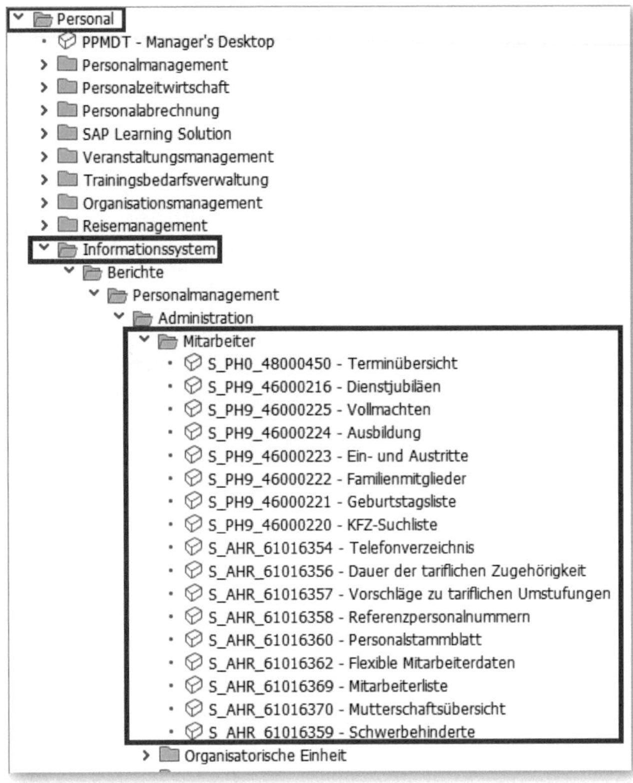

Abbildung 5.1: Standardreports zu Mitarbeiterdaten

5.1 Report »Terminübersicht«

Sie haben den Infotyp 0019 – Terminverfolgung bereits kennengelernt, siehe Abschnitt 3.1.17. Dieser ist nur sinnvoll nutzbar, wenn es die Möglichkeit gibt, sich regelmäßig eine Übersicht über die eingestellten Termine zu erzeugen. Diese bietet Ihnen der Report »Terminübersicht« (siehe Abbildung 5.2).

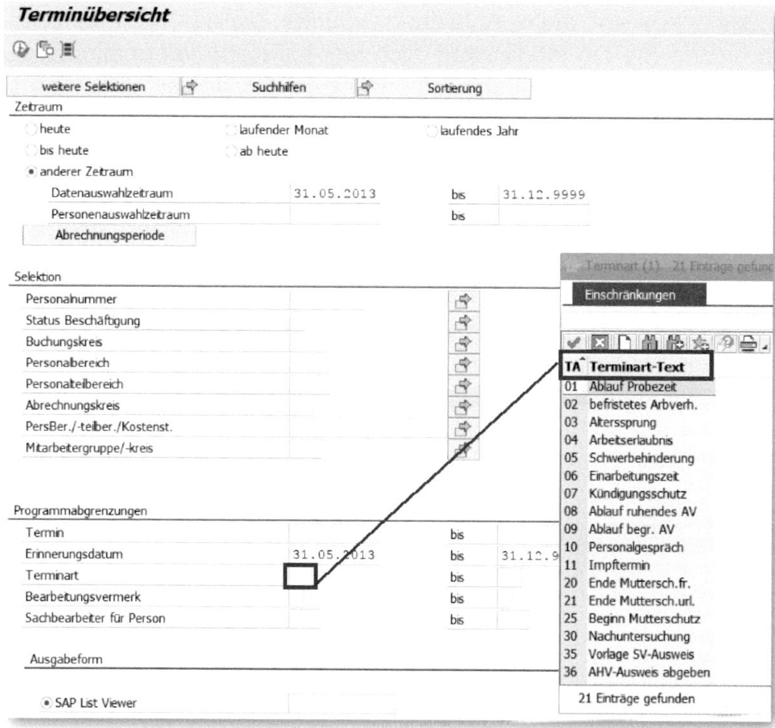

Abbildung 5.2: Selektion Report »Terminübersicht«

Für Ihre Übersicht nur nach der TERMINART zu selektieren, ist wenig sinnhaft. Schränken Sie zumindest auch auf den Zeitraum ein, damit Sie eine aussagekräftige Liste erhalten, siehe Abbildung 5.3.

Terminübersicht

Terminübersicht

Termin	Erinnerung	BV	Bearbeitungsvermerk	TA	Terminart	Teil	PersNr	Vorname	Nachname	Bemerkungen (Zeile 1)
28.08.2013	28.09.2013		neuer Termin	35	Vorlage SV-Ausweis	0800	90000068	Julian	Irgendwie	
01.09.2013	01.08.2013		neuer Termin	01	Ablauf Probezeit	0300	30000005	Prämienentgelt	Präsentation	
	01.08.2013		neuer Termin	01	Ablauf Probezeit	0300	39000005	Prämienentgelt	Präsentation	
01.10.2013	01.09.2013		neuer Termin	01	Ablauf Probezeit	0800	90000074	Bruno	Hagenmayer	
04.10.2013	04.11.2013		neuer Termin	35	Vorlage SV-Ausweis	0800	90000076	Präsentation	Easy Reserves	
01.11.2013	01.10.2013		neuer Termin	01	Ablauf Probezeit	0800	90000068	Julian	Irgendwie	
01.12.2013	01.11.2013		neuer Termin	01	Ablauf Probezeit	0800	90000067	Juliane	Irgendwie	
01.04.2014	01.03.2014		neuer Termin	01	Ablauf Probezeit	0800	90000079	Dirk	Leiter	
20.04.2014	20.05.2014		neuer Termin	35	Vorlage SV-Ausweis	0800	90000079	Dirk	Leiter	
30.09.2018	27.09.2018		neuer Termin	01	Ablauf Probezeit	0300	30000007	Mario	Tester	Dringend vorher eine Beurteilung des Vorgesetzten einholen.

Abbildung 5.3: Erinnerungsliste Terminverfolgung

Die BEMERKUNGEN, siehe Abbildung 3.59 ❷, werden mit angezeigt. Also nutzen Sie die Möglichkeit, sich hier hilfreiche Informationen zu hinterlegen. Das ist in jedem Fall besser als ein kleiner gelber Zettel in der Personalakte.

5.2 Report »KFZ-Suchliste«

Sie pflegen die Daten der Dienstfahrzeuge im Infotyp 0032, siehe Abschnitt 3.1.29, und wollen sich eine Übersicht erstellen, welcher Mitarbeiter welches Fahrzeug fährt. Mit dem Report KFZ-Suchliste, siehe Abbildung 5.4, ist das kein Problem.

KFZ-Suchliste

KFZ-Suchliste

PersNr	Vorname	Nachname	Fahrzeug-Kennzeichen	Tel	GebNr	ZimNr	AbrKrs	BuKr	Kostenst.
00000001	Hermann	Herrlich	K-WP 1001				20	1000	1100
00000002	Bruno	Kellermann	K-WP 1002				20	1000	1200
00000003	Heinrich	Alter	K-WP 1003				20	1000	1110
00000004	Anton	Huber	K-WP 1004				20	1000	1210
00000005	Torsten	Fischinger	K-WP 1005				20	1000	1140
00000006	Andréa	Lieber	K-WP 1006				20	1000	1100
00000007	Franz	Becker	K-WP 1007				20	1000	1150

Abbildung 5.4: KFZ-Suchliste

Die Selektionsoberflächen, siehe Abbildung 5.5, sind leicht mit den entsprechenden Suchkriterien auszufüllen.

Wenn Sie Ihre Ausgabeliste über die zur Verfügung stehenden SELEKTIONSMÖGLICHKEITEN hinaus noch weiter einschränken wollen, können Sie dies mithilfe der Objekte aus der Auswahl tun, siehe Abbildung 5.6. Auf der linken Seite sehen Sie alle generell möglichen Selektionen und auf der rechten die aktuell für den Report gewählten Felder, nach denen die Ausgabeliste zusammengestellt wird.

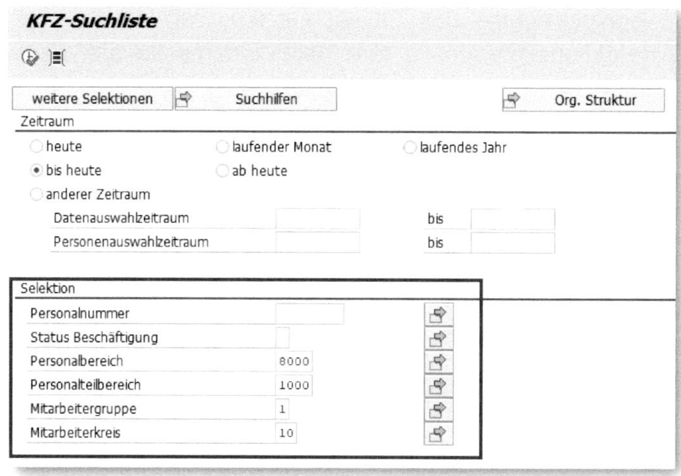

Abbildung 5.5: Selektionsoptionen in KFZ-Suchliste

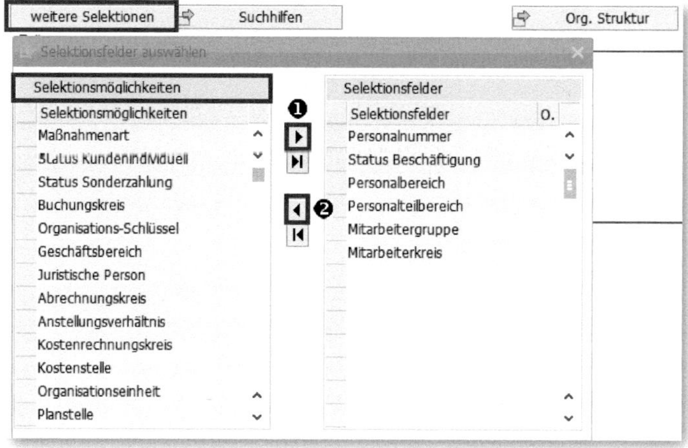

Abbildung 5.6: Weitere Selektionen im Report

Nehmen Sie beispielsweise das Objekt ORGANISATIONSEINHEIT als zusätzliches Selektionskriterium in Ihre Selektionsmaske auf, siehe Abbildung 5.7.

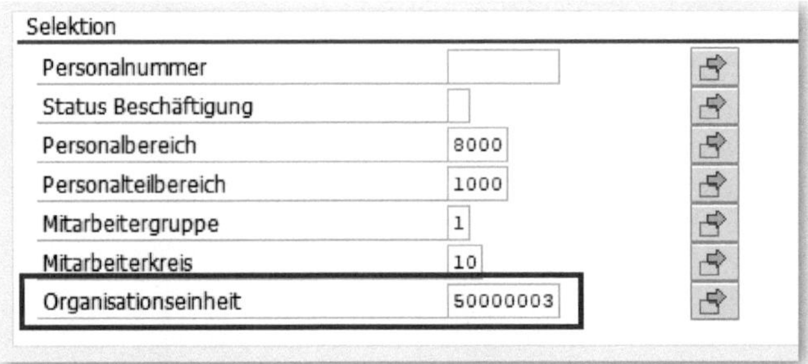

Abbildung 5.7: Zusätzliche Selektionen in KFZ-Suchliste

Wenn Sie die Suche auf eine bestimmte Organisationseinheit einschränken, werden in der Ausgabeliste nur die Personen mit Dienstwagen aufgelistet, die der ausgewählten Organisationseinheit zugeordnet sind.

Selektionskriterien an- und abwählen

Sie möchten Ihrer Selektion ein weiteres Feld wie z. B. die »Organisationseinheit« hinzufügen. Dazu markieren Sie auf der *linken* Seite des Auswahlfeldes in Abbildung 5.6 das Objekt durch Anklicken und klicken dann auf das Icon ❶. Wollen Sie aus den bestehenden Selektionsfeldern ein Feld herausnehmen, markieren Sie auf der *rechten* Seite des Auswahlfeldes das gewünschte Objekt und klicken auf das Icon ❷.

5.3 Report »Flexible Mitarbeiterdaten«

Der Report »Flexible Mitarbeiterdaten« ermöglicht es Ihnen, sich mit frei wählbaren Selektionen und Ausgabefeldern Ihren spezifischen Report selbst zu erstellen und als Variante abzuspeichern.

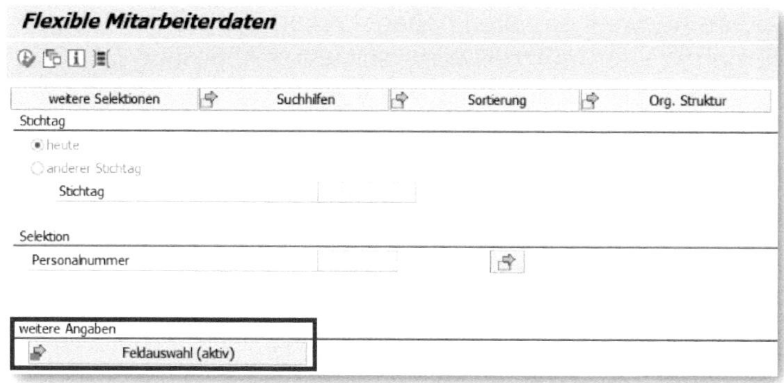

Abbildung 5.8: Report »Flexible Mitarbeiterdaten«

Zur Auswahl der Selektionen gehen Sie vor wie in Abbildung 5.6 beschrieben. Um Ihre Ausgabefelder zu bestimmen, können Sie im Bereich WEITERE ANGABEN das Feld FELDAUSWAHL verwenden. Achten Sie bei der Auswahl der Ausgabefelder auf die Reihenfolge, in der Sie die Daten später in der Ausgabeliste sehen wollen. Sie entspricht dem bereits im Abschnitt 5.2 gezeigten Report »KFZ-Suchliste«.

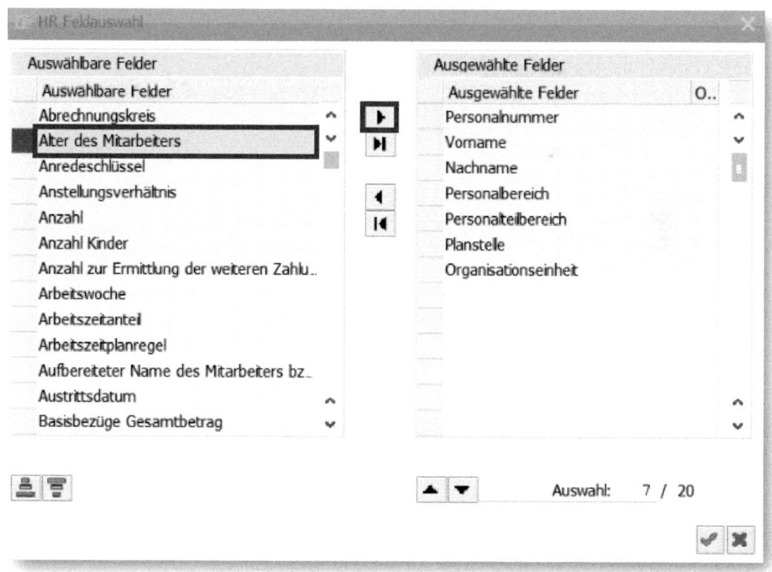

Abbildung 5.9: Feldauswahl Report Flexible Mitarbeiterdaten

Wenn Sie Ihre Auswahl getroffen haben, klicken Sie auf das Icon , und das Ergebnis sieht beispielsweise aus wie in Abbildung 5.10.

Flexible Mitarbeiterdaten

Stichtag: 08.02.2018

Personalnummer	Vorname	Nachname	Personalbereich	Personalteilbereich	Planstelle	Organisationseinheit	Alter des Mitarbeiters
00000001	Hermann	Herrlich	KWP.Industrial-HR	Hamburg	CEO PAPY	Sunny PAPY AG	55
00000002	Bruno	Kellermann	KWP.Industrial-HR	Baden-Württemb.	CEO PD	Sunny PD GmbH	53
00000003	Heinrich	Alter	KWP.Industrial-HR	Baden-Württemb.	Bereichsleiter Personal PA	Personal PA	44
00000004	Anton	Huber	KWP.Industrial-HR	Baden-Württemb.	Leiter Personalwesen PD	Personal PD	41
00000005	Torsten	Fischinger	KWP.Industrial-HR	Baden-Württemb.	Bereichsleiter Vertrieb PA	Vertrieb PA	45
00000006	Andréa	Lieber	KWP.Industrial-HR	Baden-Württemb.	Assistent IT PA	Administration/IT PA	39
00000007	Franz	Becker	KWP.Industrial-HR	Baden-Württemb.	Bereichsleiter Produktion PA	Produktion PA	52
00000008	Stefan	Becker	KWP.Industrial-HR	Baden-Württemb.	Leiter Personalentwicklung PA	Personalentwicklung PA	44
00000009	Birgit	Wagner	KWP.Industrial-HR	Baden-Württemb.	Leiter Personaladministration PA	Personaladministration PA	29
00000010	Max	Kinzinger	KWP.Industrial-HR	Baden-Württemb.	Leiter Elektromobile PA	Elektromobile PA	46
00000011	Eduard	Bosch	KWP.Industrial-HR	Baden-Württemb.	Leiter Verbrennungsmotoren PA	Verbrennungsmotoren PA	48
00000012	Bruno	Schäfer	KWP.Industrial-HR	Baden-Württemb.	SB Produktionstechnik VM PA	Verbrennungsmotoren PA	49
00000013	Elisabeth	Mitterbichl	KWP.Industrial-HR	Baden-Württemb.	SB Personaladmin PA	Personaladministration PA	44

Abbildung 5.10: Ergebnis Flexible Mitarbeiterdaten

Entspricht das Ergebnis Ihren Vorstellungen, speichern Sie es einfach als Variante ab. Dafür klicken Sie auf das Icon . Geben Sie Ihrer Variante eine Kurz- und Langbezeichnung, und sie steht Ihnen weiterhin zur Verfügung.

6 Organisationsmanagement in HCM

Ich habe das SAP Organisationsmanagement in Kapitel 1 kurz vorgestellt; Sie können damit die Aufbauorganisation eines Unternehmens beschreiben. Auf den folgenden Seiten möchte ich Sie etwas näher an das Thema heranführen. Ich werde in diesem Buch nur auf die Hauptfunktionen dieser Komponente eingehen, dies sollte Ihnen aber genug Information geben, um mit einem vorhandenen SAP OM zurechtzukommen.

Das SAP Organisationsmanagement, im Weiteren einfach OM genannt, hat in den letzten 20 Jahren eine bedeutende Entwicklung vollzogen. Als ich mein erstes OM-Projekt durchführte, diente es ausschließlich als Struktur zum Reporting und sollte im nächsten Schritt die Organigramm-Erstellung unterstützen. Ich war bei einem Großkonzern, und es gab tatsächlich eine Abteilung mit vier Mitarbeitern, die ausschließlich mit der Erstellung von Organigrammen befasst waren.

SAP OM in der Praxis

Falls Sie in Ihrer Tätigkeit mit dem OM zu tun haben, soll Sie dieses Kapitel in die Lage versetzen, sich darin schnell zurechtzufinden. Ich kann Sie auf den folgenden Seiten nicht zum OM-Experten machen. Ich möchte Ihnen die Informationen geben, die es Ihnen ermöglichen, die Begrifflichkeiten, Ansichten und Bedeutungen der Objekte im OM richtig einzuordnen. Wichtig ist darüber hinaus die Einarbeitung durch einen erfahrenen Kollegen Ihres Unternehmens, der Sie in den firmenspezifischen Umgang mit dem OM einweist. Jede Firma arbeitet anders mit dieser Komponente und setzt andere Prioritäten in der Ausprägung dieser Struktur.

Das OM bildet aus verschiedenen Objekten eine Struktur ab. Die Objekte sind Ihnen bereits aus Abschnitt 1.3.1 bekannt. Um das OM aufrufen zu können, benötigen Sie eine Transaktion. Aber das haben Sie sich sicher schon gedacht. Mit der Transaktion *PPOME* gelangen Sie in das OM, siehe Abbildung 6.1. Wenn Sie zum ersten Mal auf die Oberfläche des OM kommen, erscheint ein Begrüßungstext und auf der linken Seite eine Suchhilfe.

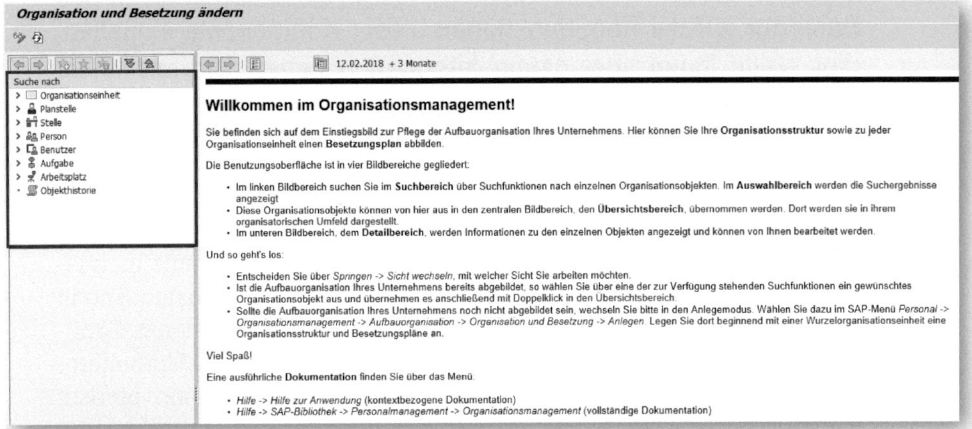

Abbildung 6.1: OM-Einstiegsoberfläche

Mit dieser Suchhilfe können Sie sich zum Beispiel die Organisationsstruktur Ihres Unternehmens ansehen. Indem Sie auf ORGANISATIONSEINHEIT klicken, öffnet sich eine weitere Sucheinstellung, siehe Abbildung 6.2. Wählen Sie hier STRUKTURSUCHE, wird Ihnen in der Regel die oberste Struktureinheit der OM-Struktur angezeigt.

Diese oberste Organisationseinheit wird auch *Wurzelorganisationseinheit* genannt. Klicken Sie im linken unteren Fenster auf die oberste Organisationseinheit *Sunny Holding AG*, und die Struktur wird im rechten oberen Fenster sichtbar.

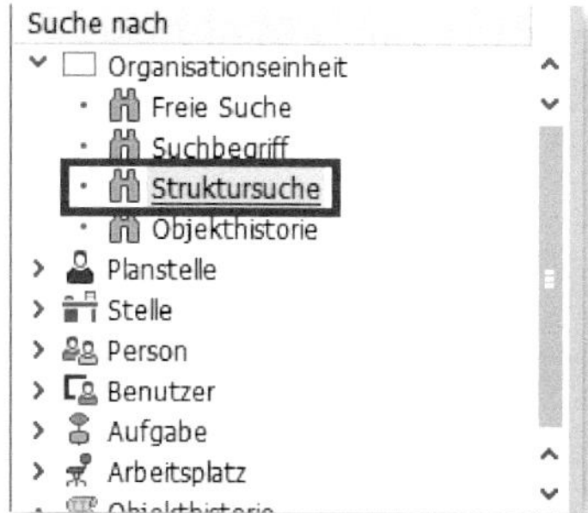

Abbildung 6.2: Suchhilfe im OM

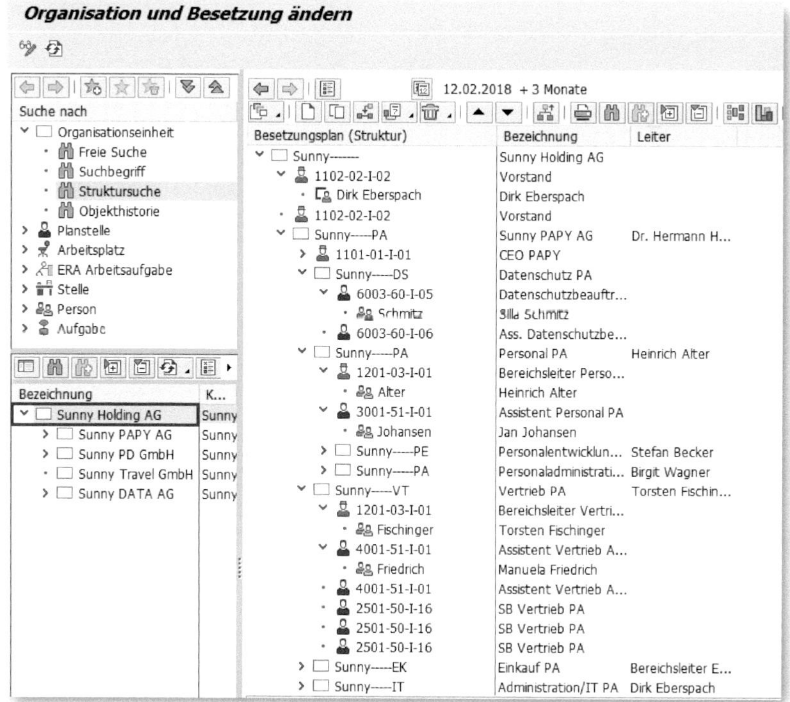

Abbildung 6.3: OM-Strukturübersicht

Es wird jetzt etwas bunter, und die Bedeutung der in Abbildung 6.4 gezeigten Icons wird sich Ihnen schnell einprägen.

Abbildung 6.4: Icon-Bedeutungen

Die Icons geben einen schnellen Überblick über die angelegten *Objekte* der Struktur. In der Übersicht ist auch ein Objekt, das ich noch nicht vorgestellt hatte, das Objekt LEITER oder auch *Leiterplanstelle* genannt.

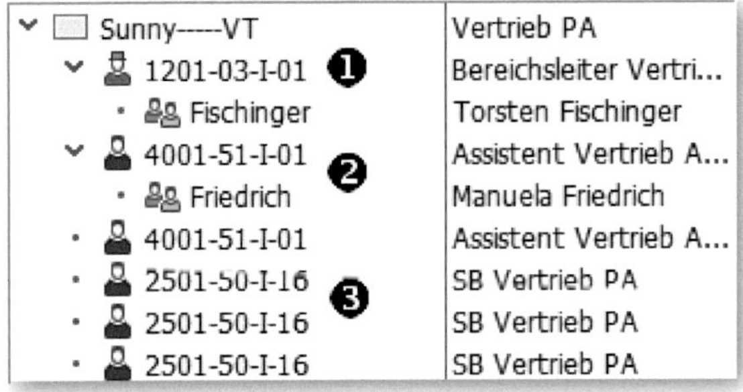

Abbildung 6.5: Detailansicht OM-Struktur

Wenn Sie sich die Struktur einmal im Detail ansehen (Abbildung 6.5), erhalten Sie die Information, dass

❶ Herr Torsten Fischinger eine LEITERPLANSTELLE innerhalb der ORGANISATIONSEINHEIT SUNNY VT besetzt,

❷ Manuela Friedrich eine PLANSTELLE als Assistent Vertrieb innehat,

❸ und erkennen zudem, dass in dieser Abteilung drei PLANSTELLEN nicht besetzt sind. Herr Fischinger hat also mit Sicherheit ein Personalproblem.

Das sind Informationen, die Sie aus der Struktur erkennen können.

Aber was wäre das OM im SAP HCM ohne Infotypen? Auch im OM haben wir Infotypen, die Ihnen zu den einzelnen Objekten nähere Informationen zur Pflege und Ansicht anbieten.

6.1 OM-Infotyp 1000 – Objekt

Dieser Infotyp legt die Existenz eines Objektes innerhalb des OM fest. Um ein Objekt anzulegen, müssen Sie folgende Daten im Infotyp 1000 hinterlegen:

- einen Gültigkeitszeitraum für das Objekt,
- ein Kürzel für das Objekt,
- eine kurze Beschreibung des Objektes.

Die Objekte haben Sie ja bereits kennengelernt. Die Anlage und Bearbeitung der Objekte im OM erfolgen im sogenannten EXPERTENMODUS, siehe Abbildung 6.6.

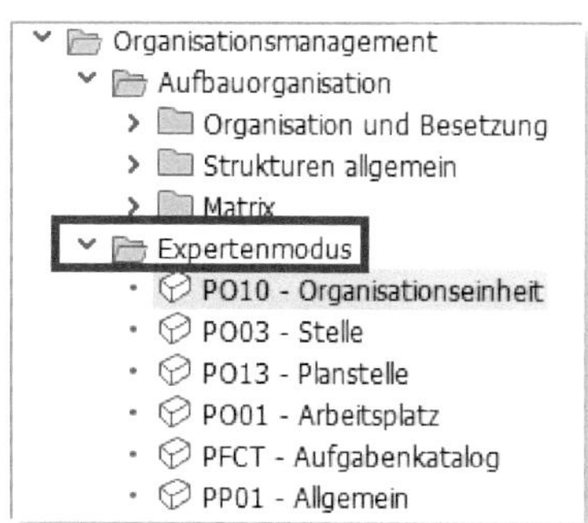

Abbildung 6.6: Expertenmodus OM

Die Ansicht der Organisationseinheit in der Infotypensicht können Sie mit Doppelklick auf die Transaktion *PO10* erreichen. Sie gelangen in eine Darstellung (Abbildung 6.7), die Ihnen aus der Infotypansicht der Personalstammdatenbearbeitung, siehe Abschnitt 3.1 und Abbildung 3.1, bestimmt bekannt vorkommen wird.

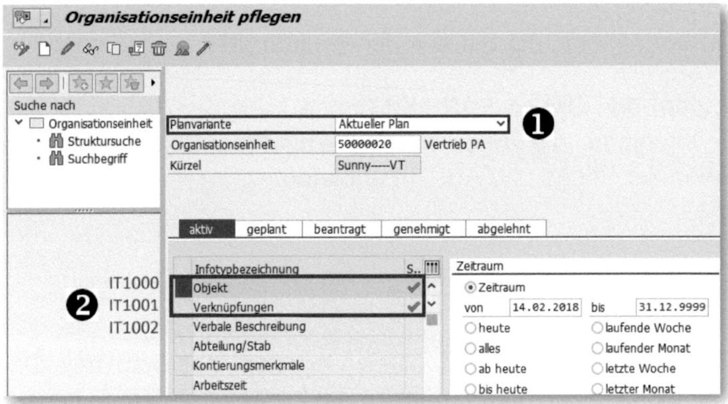

Abbildung 6.7: Infotypenübersicht im OM

Eine Besonderheit im OM ist die *Planvariante* ❶. Der *Aktuelle Plan* ist die Variante, in der die tatsächlich bestehende Struktur Ihres Unternehmens abgebildet ist.

Planvarianten im OM

Sie können in Ihrem System beliebig viele Planvarianten parallel einrichten. Dadurch können Sie unterschiedliche Szenarien für Ihr Unternehmen in verschiedenen Plänen abbilden und durchspielen. Sie können beispielsweise einen zweiten Plan zur Darstellung Ihres Unternehmens nach einer geplanten Reorganisation anlegen. Die Daten der aktiven und weiteren Planvarianten stehen nicht miteinander in Verbindung. Für die Strategen und Planer im Unternehmen bietet sich hier ein praktischer »Sandkasten«, um verschiedene Modelle einer Firmenstruktur abzubilden. Da an den Planobjekten auch Zeitmodelle und Informationen über Sollbezahlungen hinterlegt werden können, bildet die Planvariante eine ideale Grundlage für Entscheidungsmodelle.

In der INFOTYPENÜBERSICHT ❷ sehen Sie, welche Infotypen für die Organisationseinheit bisher angelegt wurden. Der *Infotyp 1000* steht für ein bestimmtes Objekt, und der *Infotyp 1001* beschreibt dessen Verknüpfungen mit anderen Objekten (siehe nächster Abschnitt). Der *Infotyp 1002* ist die verbale Beschreibung zum Objekt. Hier können Sie frei einen Text hinterlegen (nähere Erläuterungen siehe Abschnitt 6.3).

6.2 OM-Infotyp 1001 – Verknüpfungen

Über die Verknüpfungen haben Sie bereits im Abschnitt 1.3.2 Informationen erhalten. In der Detailansicht des Infotyps 1001 (Abbildung 6.8) kann man sehen, mit welchen Verknüpfungsarten und Objekten die ORGANISATIONSEINHEIT, die Sie gerade betrachten, verbunden ist.

Organisationseinheit	Sunny-----VT	Vertrieb PA
Planstatus	aktiv	
Verknüpfungen		

Beginn	Ende	V...	Verknüpfung	Verkn.Text	Typ verkn...	Id verkn. Objekt	Kürzel
01.01.1990	31.12.9999	A	002	berichtet	O	50000002	Sunny-----PA
01.01.2012	31.12.9999	A	011	Kostenstel	K	00000011401000	Vertrieb PA
14.05.2014	31.12.9999	A	064	Bedarfsdef	SR	50001346	Bedarf
14.05.2014	31.12.9999	A	064	Bedarfsdef	SR	50001347	Bedarf
14.05.2014	31.12.9999	A	064	Bedarfsdef	SR	50001348	Bedarf
01.07.2014	31.12.9999	B	003	umfaßt	S	50001075	2501-50-I-16
01.01.1990	31.12.9999	B	003	umfaßt	S	50000030	1201-03-I-01
01.01.1990	31.12.9999	B	003	umfaßt	S	50000036	4001-51-I-01

Abbildung 6.8: Übersicht Verknüpfungen OM-IT 1001

Da kann schon eine Menge unterschiedlicher Verknüpfungen zusammenkommen! Wer mit dem OM arbeitet, muss sehr sorgfältig und genau sein, damit hier – sprichwörtlich abgeleitet – nicht »der Wurm hereinkommt«. Besonders akribisch muss man vorgehen, wenn das Unternehmen bestimmte Darstellungen der Organisationsstruktur mit zusätzlichen eigenen Verknüpfungen abbilden will. Diese eigenen Verknüpfungen lassen sich problemlos mithilfe des Systembetreuers anlegen und müssen nachträglich jedem einzelnen Objekt entweder manuell oder durch spezielle Programme zugeordnet werden. Das Know-how für die Anwendung und Programmierung dieser Programme sollte durch einen sehr erfahrenen Systembetreuer oder externen SAP-OM-Berater durchgeführt werden.

Das Datenfeld Planstatus zeigt Ihnen, dass der Infotyp aktiv ist. Es gibt mehrere Statusvarianten, siehe Abbildung 6.9.

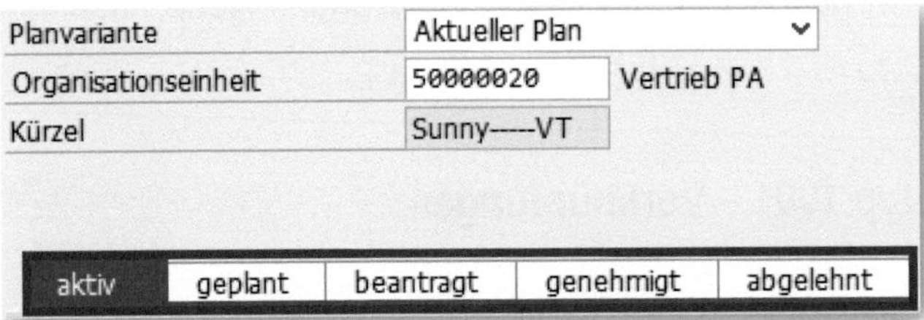

Abbildung 6.9: Statusvarianten für Objekte im OM

Diese Statusvarianten dienen der Kontrolle bei der Einrichtung und Pflege des OM. Nicht in allen, aber in vielen Firmen werden diese verschiedenen Status tatsächlich verwendet. Beantragt ein Teamleiter eine neue Planstelle, so kann der Strukturverantwortliche diese schon anlegen und stellt das entsprechende Objekt im Status *beantragt* in die Struktur ein. Der Vorgesetzte des Strukturbearbeiters kann nun das Objekt in den Status *genehmigt* oder *abgelehnt* setzen. Je nach den internen Vorgaben und einzuhaltenden Genehmigungsprozessen kann die Planstelle erst mit dem Status *genehmigt* und ab dem Beginn ihrer Gültigkeit als *aktiv* in der Struktur geführt sowie mit einer Person besetzt werden.

6.3 OM-Infotyp 1002 – Verbale Beschreibung

Der *Infotyp 1002 – Verbale Beschreibung*, siehe Abbildung 6.10, kann sehr viele Funktionen erfüllen. Er hat wie viele andere Infotypen, egal ob in der Personaladministration oder im OM, Subtypen, die für unterschiedlichste Prozesse verwendet werden können.

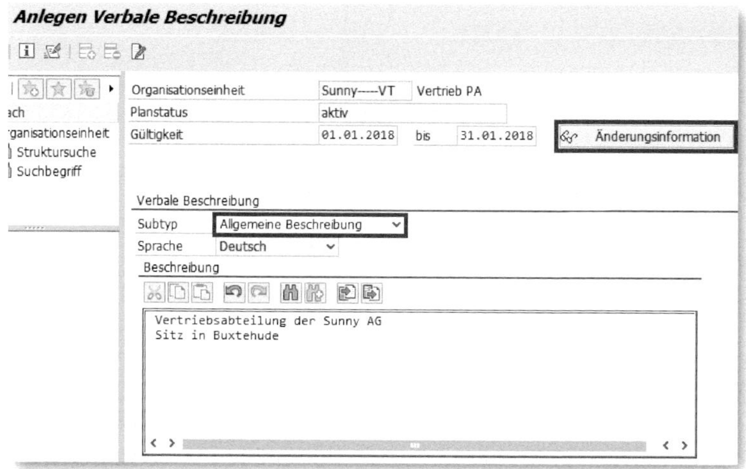

Abbildung 6.10: OM-Infotyp 1002 – Verbale Beschreibung

Nehmen wir den Titel des Infotyps wörtlich, beschreiben wir für ein Objekt in Worten, welche Funktion es in der OM-Struktur haben soll. Die Beschreibungen richten sich auch nach der Objektart. Bei einer Organisationseinheit beschränkt sie sich erfahrungsgemäß auf die betriebliche Funktion, bei der Beschreibung von Planstellen oder Stellen wird es schon ausführlicher. Die Planstelle »Vertriebsassistent/In« wird sich in der allgemeinen Beschreibung inhaltlich auf Zugehörigkeit und Funktion beschränken. Interessanter wird es, wenn wir einen Subtyp *Planstellenbeschreibung* anlegen. Die Subtypen, siehe Abbildung 6.12, sind firmenspezifisch durch den Systembetreuer anpassbar.

Im Infotyp existiert noch das Feld ÄNDERUNGSINFORMATION. Mit Klick darauf erscheint ein Kurzprotokoll, siehe Abbildung 6.11, mit der Information, wer als letztes an diesem Infotyp eine Änderung vorgenommen hat.

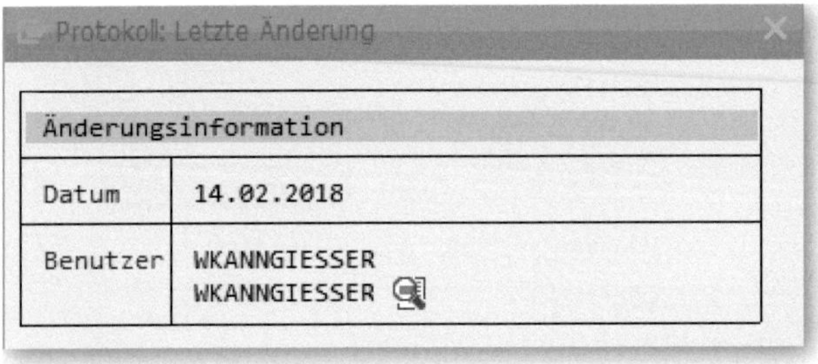

Abbildung 6.11: Protokoll letzte Änderung im IT 1002

Ich weise im Besonderen darauf hin, da Informationen aus den Subtypen durchaus für Veröffentlichungen herangezogen werden können und es bei Unstimmigkeiten wichtig ist zu wissen, wer aus welchem Grund eine Änderung an den Inhalten der Subtypen vorgenommen hat.

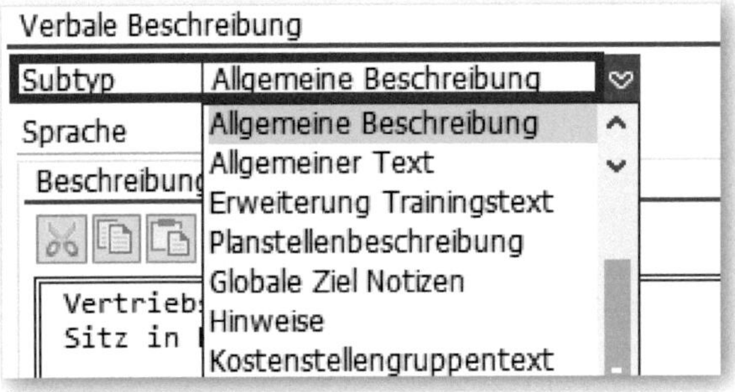

Abbildung 6.12: Subtypen im OM-IT 1002 – Verbale Beschreibung

Zurück zur Planstellenbeschreibung. Der hier hinterlegte Text kann durch ein internes Programm oder über eine Schnittstelle an ein externes System übermittelt und dort verwendet werden. Ob es sich nun um die interne Ausschreibung einer neuen Planstelle oder um die externe Anzeige für eine neu zu besetzende Planstelle handelt, es kann jeweils der in diesem Subtyp hinterlegte Text verwendet werden. So wird sichergestellt, dass Anfordernder und Personalbeschaffer beim Beschaffungsprozess für die Besetzung einer Planstelle von identischen Informationen ausgehen. Außerdem ist es eine erhebliche Zeit- und Kostenersparnis, wenn die Beschreibung einer Planstelle einmal richtig gepflegt wird und für alle weiteren Prozesse wiederverwendet werden kann.

6.4 OM-Infotyp 1005 – Sollbezahlung

Der Infotyp 1005 kann an Planstellen oder Stellen hinterlegt werden. Er liefert die Information, mit welchem Gehaltsband diese Stelle zu besetzen ist. Das *Gehaltsband* ist eine firmenspezifische Definition, die besagt, in welchem Gehaltsrahmen – also Mindest- und Maximalgehalt – die Planstelle zu besetzen ist.

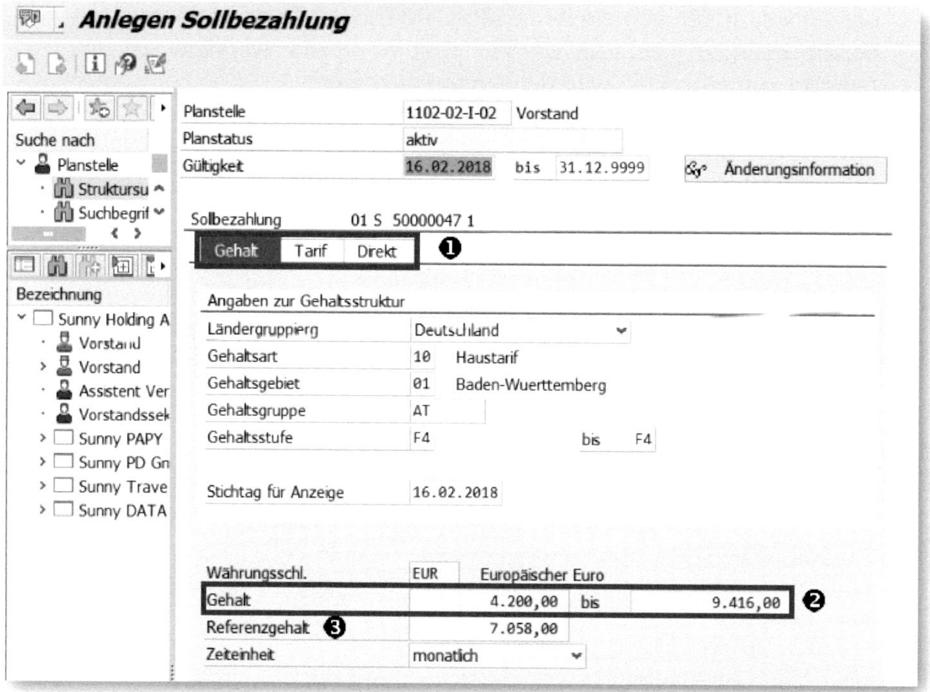

Abbildung 6.13: OM-Infotyp 1005 – Sollbezahlung

Sie erkennen wieder die drei Reiter in der Infotypoberfläche ❶. Die Gehaltsinformationen können über GEHALT, TARIF oder mittels DIREKT frei wählbar eingerichtet werden. Das Gehaltsband ❷ wird aus den

Vorschlagswerten ermittelt, die sich aus der Kombination Gehalts- oder Tarifart, Gehalts- oder Tarifgebiet und den zugeordneten Gehalts- und Tarifgruppen sowie -stufen ergeben. Das REFERENZGEHALT ❸ ist ein frei wählbarer Betrag. Meist ist es der Mittelwert aus Mindest- und Maximalgehalt, kann aber auch ein Richtwert sein, mit dem man diese Planstelle besetzen soll. Gehaltsbänder können im System so eingestellt werden, dass bei der Eingabe des Gehalts im Rahmen einer Neueinstellung eine Warnung erzeugt wird, sobald sich das eingetragene Gehalt außerhalb der Werte des Gehaltsbandes befindet. In einigen Unternehmen ist sogar die Eingabe im Infotyp 0008 – Basisbezüge, siehe Abschnitt 3.1.7, nicht erlaubt, sondern es muss erst ein Genehmigungs-Workflow zum Leiter der Organisationseinheit, in der sich die zu besetzende Planstelle des neuen Mitarbeiters befindet, gestartet werden. Erst wenn der Workflow als genehmigt zurückkommt, wird der Eintrag akzeptiert.

6.5 OM-Infotyp 1006 – Einschränkungen

Der Infotyp 1006, siehe Abbildung 6.14, wird an dem Objekt ARBEITSPLATZ verwendet. Hier werden Informationen hinterlegt, die dem Vorgesetzten und Personalbeschaffer ermöglichen, eventuelle Einschränkungen für die Besetzung einer Planstelle, die mit diesem Arbeitsplatz verknüpft ist, zu berücksichtigen.

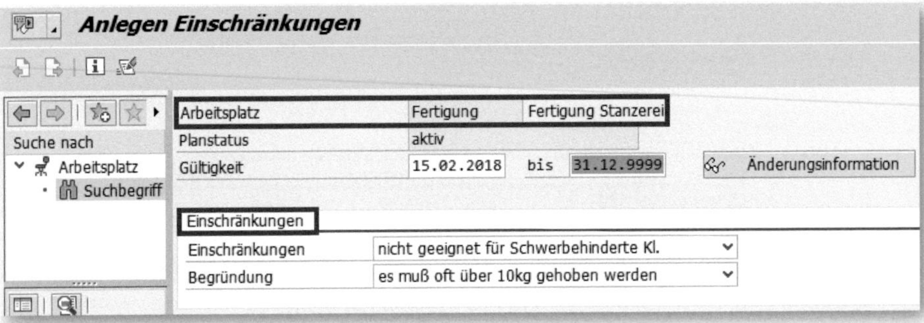

Abbildung 6.14: OM-Infotyp 1006 – Einschränkungen

Je nach Art des Arbeitsplatzes in einem Unternehmen können die hinterlegten Einschränkungen unternehmensspezifisch gepflegt werden. Das Anlegen dieses Infotyps ist optional. Er kann jedoch sehr hilfreich sein, wenn es darum geht, der Nachweispflicht für Arbeitsplatzeinschränkungen nachzukommen.

6.6 OM-Infotyp 1007 – Vakanz

Mit dem *Infotyp 1007 – Vakanz*, der nur bei dem Objekt PLANSTELLE verwendet wird, kennzeichnet man eine freie und zu besetzende Planstelle. Sie können alternativ das System so einstellen, dass jede Planstelle, die keine Verknüpfung zu einem Objekt »Person« hat, automatisch als vakant gekennzeichnet wird. Mit dieser Einstellung im System braucht der Infotyp 1007 nicht angelegt zu werden.

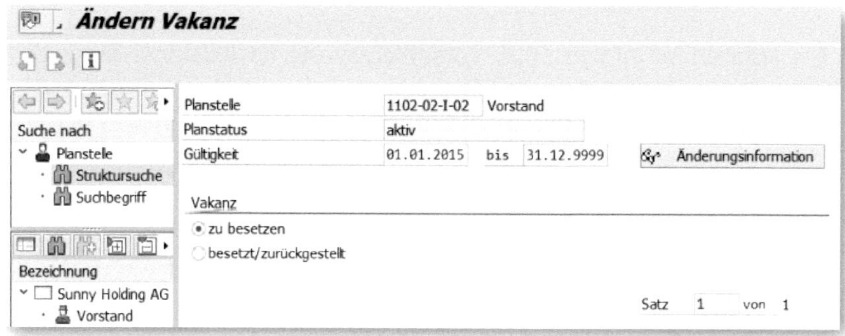

Abbildung 6.15:OM-IT 1007 – Vakanz

In der Praxis wird eine Vakanz aber meist als Infotyp angelegt. So kann der Personalbeschaffer, heute gerne *Recruiter* genannt, problemlos eine Übersicht aller vakanten Planstellen erzeugen. Je nach angewendeter Ausprägung der OM-Infotypen hat er damit alle Informationen, die er für die Besetzung dieser Planstellen benötigt.

Integration Vakanz

Für das Organisationsmanagement ist die Erfassung des Infotyps »Vakanz« nicht unbedingt notwendig. Sie sollten diesen Infotyp für Planstellen jedoch erfassen, wenn Sie eine der folgenden HR-Komponenten im Einsatz haben:

- Personalkostenplanung,
- Karriere- und Nachfolgeplanung,
- Bewerberverwaltung/Recruiting.

6.7 OM-Infotyp 1008 – Kontierungsmerkmale

Sie können im Infotyp 1008 Vorschlagswerte für Kostenstellenzuordnungen von Planstellen und Organisationseinheiten hinterlegen. Diese Vorschlagswerte unterstützen das System dabei, korrekte Kostenstellenzuordnungen für Objekte anzuzeigen. Die Einstellung von Vorschlagswerten empfiehlt sich, da sie verhindert, dass von Personen falsche oder widersprüchliche Daten eingegeben werden.

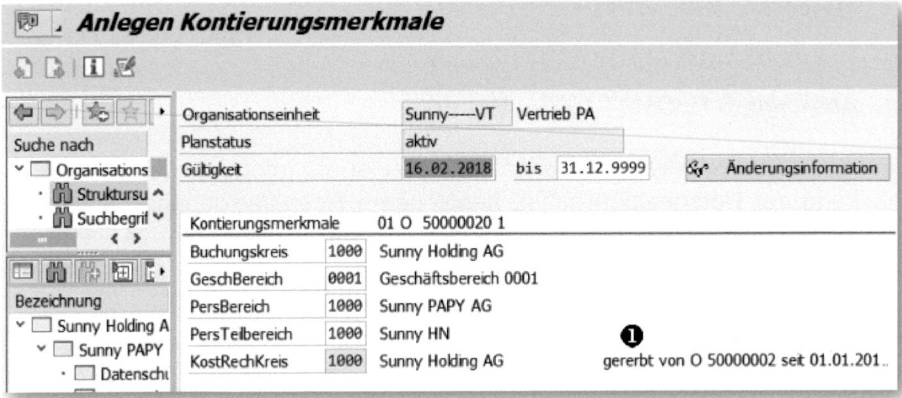

Abbildung 6.16: OM-IT 1008 – Kontierungsmerkmale

Kostenstellen werden über eine Kombination von Daten, wie z. B. die Angabe des BUCHUNGSKREISES und GESCHÄFTSBEREICHES, siehe Abbildung 6.16, definiert. Durch das Einstellen von Vorschlagswerten können Sie steuern, welche Kostenstellen einem Objekt zugeordnet werden. Das Prinzip der *Vererbung* ❶ trifft auf die Vorschlagswerte zur Kontierung zu. Die für eine Organisationseinheit gesetzten Vorschlagswerte werden z. B. an darunterliegende Organisationseinheiten sowie an die jeweils zugeordneten Planstellen vererbt.

6.8 OM-Infotyp 1010 – Kompetenzen/Hilfsmittel

Der OM-Infotyp 1010 wird an Planstellen und am Objekt »Arbeitsplatz« angelegt. Dieser Infotyp arbeitet mit Subtypen, die vom Systembetreuer im Customizing individuell angepasst werden können. Um sich diesen Infotyp anzusehen, gehen Sie über das Icon in die Infotypenübersicht, siehe Abbildung 6.17, und wählen dort den SUBTYP aus, den Sie genauer betrachten wollen.

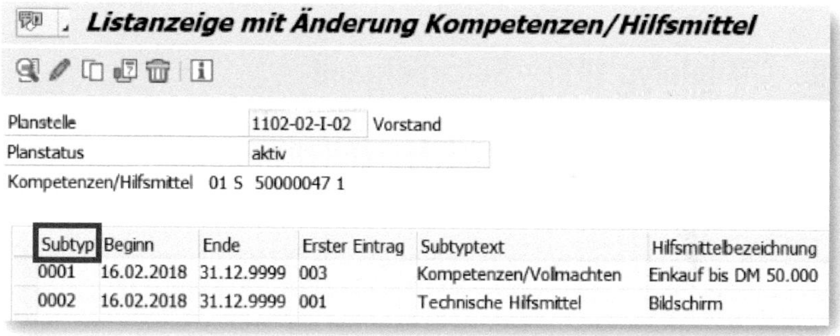

Listanzeige mit Änderung Kompetenzen/Hilfsmittel

Planstelle 1102-02-I-02 Vorstand
Planstatus aktiv
Kompetenzen/Hilfsmittel 01 S 50000047 1

Subtyp	Beginn	Ende	Erster Eintrag	Subtyptext	Hilfsmittelbezeichnung
0001	16.02.2018	31.12.9999	003	Kompetenzen/Vollmachten	Einkauf bis DM 50.000
0002	16.02.2018	31.12.9999	001	Technische Hilfsmittel	Bildschirm

Abbildung 6.17: Subtypenübersicht IT 1010

Kompetenzen können Prokura, Handlungsvollmacht oder Einkaufsvollmacht sein. Bei dem Subtyp *Technische Hilfsmittel*, siehe Abbildung 6.18, ist jeder Eintrag möglich, wenn er vorher im Customizing eingerichtet wurde.

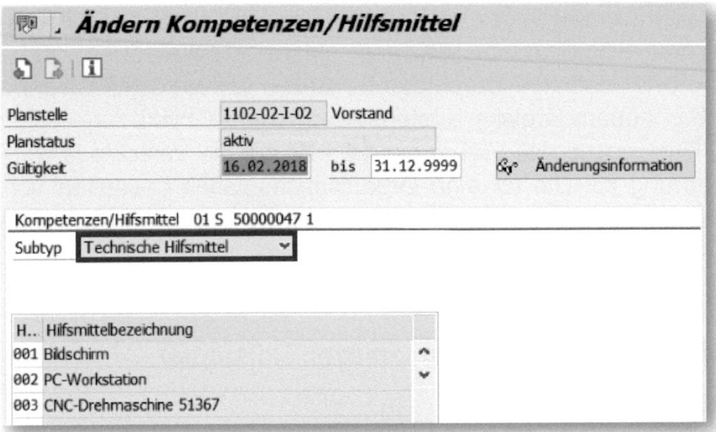

Abbildung 6.18: Subtyp »Technische Hilfsmittel« im IT 1010

Warum der Vorstand in diesem Beispiel eine CNC-Drehmaschine benötigt, ist unklar. Lassen Sie uns vermuten, dass er sie als Dekoration in seinem Büro aufstellen möchte.

6.9 OM-Infotyp 1011 – Sollarbeitszeit

Die Einträge im *OM-Infotyp 1011 – Sollarbeitszeit* dienen zum direkten Vergleich mit der Sollarbeitszeit des PA-Infotyps 0007 – Sollarbeitszeit (siehe Abschnitt 3.1.6); allerdings nur, wenn eine Integration zwischen der Personaladministration und dem OM eingerichtet ist. Es wird bei der Neubesetzung einer Planstelle die im Infotyp 1011 eingetragene Sollarbeitszeit (siehe Abbildung 6.19) mit der Sollarbeitszeit verglichen, die für den betreffenden Mitarbeiter im Infotyp 0007 hinterlegt ist. Warnmeldungen bei Abweichungen können auch hier eingerichtet werden.

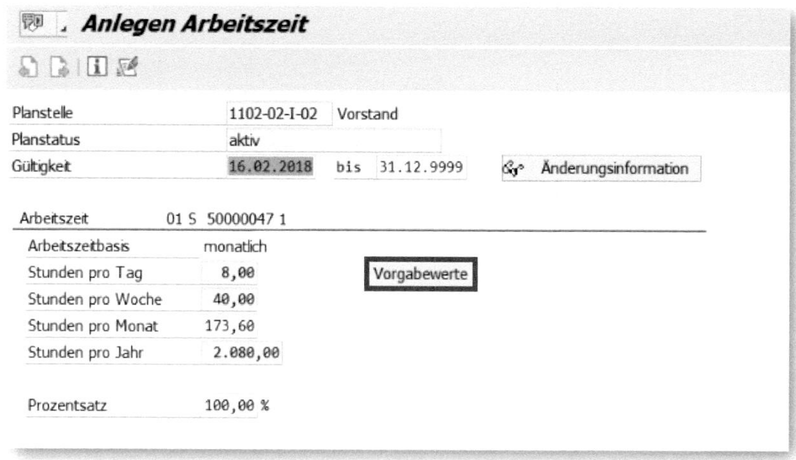

Abbildung 6.19: OM-Infotyp 1011 – Sollarbeitszeit

Der Hintergrund für diesen Abgleich ist, dass man verhindern möchte, dass Mitarbeiter für eine Planstelle mit einem falschen Arbeitszeitmodell eingestellt werden, welches sich nicht mit den erforderlichen Arbeitszeiten verträgt. Gerade bei Mitarbeitern in der Fertigung und besonders bei Schichtarbeit ist es sehr wichtig, dass die vereinbarten Arbeitsstunden und Arbeitszeitpläne mit denen der Vorgabe seitens der Planstelle übereinstimmen. In unserem Beispiel, siehe Abbildung 6.20, sind *8,00* Stunden pro Tag als Basiswert hinterlegt. Unter Berücksichtigung der verfügbaren Arbeitstage pro Woche, Monat und Jahr errechnet das System die hier angezeigten Werte. Sollarbeitszeiten für eine Planstelle lassen sich auch über die Verknüpfung zur Organisationseinheit, in der sich die Planstelle befindet, als Vorschlagswerte übernehmen.

Arbeitszeit-Vorgabewerte

Arbeitszeit	
Arbeitszeitbasis	monatlich
Stunden pro Tag	8,00
Stunden pro Woche	40,00
Stunden pro Monat	173,60
Stunden pro Jahr	2.080,00

Abbildung 6.20: OM-IT 1011 – Vorgabewerte

Diese Werte wurden an der Organisationseinheit hinterlegt. Planstellen können die Werte der Sollarbeitszeiten auch einfach erben. Wird für eine Planstelle ein Infotyp 1011 angelegt, gilt diese Arbeitszeit. Ist kein Satz des Infotyps 1011 angelegt, erbt sie die nächste als »generell« gekennzeichnete Arbeitszeit einer übergeordneten Organisationseinheit.

Vererbung der Sollarbeitszeit

In einer Verwaltungsabteilung arbeiten die meisten Mitarbeiter acht Stunden am Tag und sind dabei nicht an feste Kommen- und Gehenzeiten gebunden. An der Organisationseinheit VERWALTUNG wird die Sollarbeitszeit mit *8,00* Stunden Arbeitszeit pro Tag hinterlegt. Alle mit dieser Einheit verknüpften Planstellen erben diese Sollarbeitszeitvorgabe, und man erspart sich die Arbeit, an jeder Planstelle die Sollarbeitszeit extra zu pflegen. Gibt es bei den verknüpften Planstellen einen »Ausreißer«, braucht die Arbeitszeit nur an dieser Planstelle angepasst zu werden.

6.10 Zusammenfassung OM-Infotypen

Die Möglichkeiten, die das OM für die strategischen Planer eines Unternehmens anbietet, sind sehr zahlreich. Bevor man das OM einsetzt, ist es notwendig, die planerischen und administrativen Aspekte der Pflege von Informationen in den OM-Infotypen gemeinsam mit einem erfahrenen Berater zu besprechen und in einem Konzept zu beschreiben. Diese Komponente ist nicht nur der Sandkasten, den die Planer und Strategen eines Unternehmens beachten sollten, sondern eine Möglichkeit, die Personaladministration erheblich zu unterstützen. Fehler bei der Personalbeschaffung können ebenso minimiert werden wie Fehleingaben bei der Einstellung. Dies ist allerdings nur dann gegeben, wenn das OM »gelebt« wird. Die Personalführung muss sich stets über den aktuellen Stand der Sollvorgaben in den Bereichen »Gehalt«, »Arbeitszeit«, »Anzahl der geplanten und besetzten Planstellen« sowie über die Werte für den Bereich »Controlling« informieren. Neben den Informationen aus der Personaladministration sind die OM-Infotypen eine wichtige Quelle für Werte und Planungsoptionen, die die Arbeit sehr unterstützen.

6.11 Grafische Darstellung

In der heutigen Zeit entscheiden die Führungskräfte anders als früher. Während noch vor 20 Jahren die Strukturgrafik, siehe Abbildung 6.3, ausreichend Informationen geliefert hat und die Entscheider sich selbst durch die Werte der Infotypen gearbeitet haben, ist der Anspruch inzwischen wesentlich höher. Die Führungskräfte von heute wollen keine Listen und Datenfelder durchklicken. Sie wollen aussagekräftige Grafiken, ansprechend detaillierte Übersichten und sogenannte *Dashboards* wie in Abbildung 6.23 sehen, um ihre Entscheidungen zu treffen. Bei SAP HCM ist es schon aus technischen Gründen nicht möglich, diese Anforderung an die grafische Darstellung der

OM-Ergebnisse zu erfüllen. Selbst heute, da wir über Anwendungen in der Cloud sprechen, ist es in SAP HCM weiterhin unmöglich, eine grafische Darstellung zu erzeugen, die den beschriebenen Ansprüchen gerecht werden könnte.

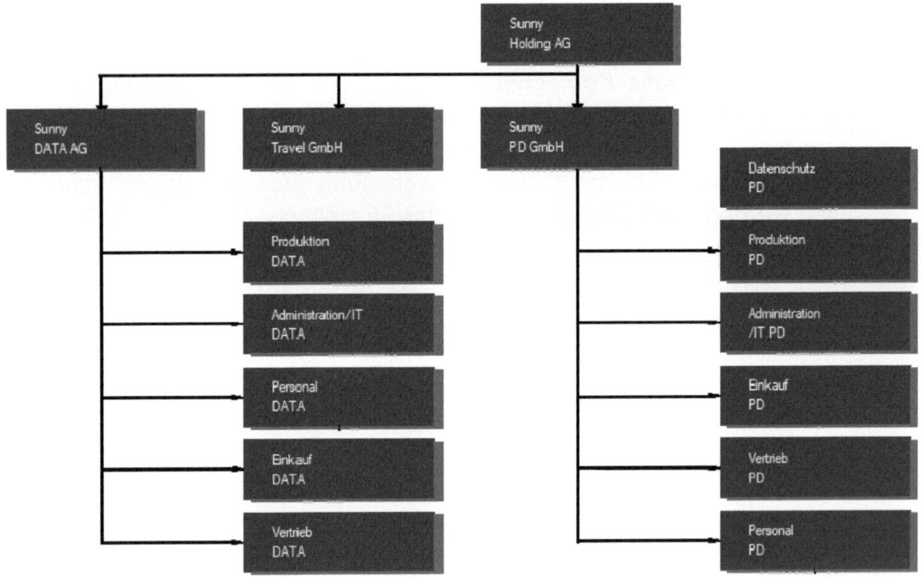

Abbildung 6.21: Grafische Darstellung OM im SAP HCM

Es gibt in SAP HCM einen Absprung in eine grafische Darstellung, aber diese wird die Erwartungen nicht erfüllen. In der Ordnerstruktur des OM finden Sie im Ordner INFOSYSTEM, Unterordner ALLGEMEIN die Transaktion *S_AHR_61016530 PD_Grafikschnittstelle*, die nach Auswahl einer Organisationseinheit eine Grafik erzeugt. Diese Illustrationen über die OM-Objekte mit verschiedenen Auswertungswegen sind zwar inhaltlich korrekt, haben aber schon vor vielen Jahren nicht ausgereicht, die Kunden zufriedenzustellen.

Alternativ kamen einige sogenannte *Add-on-Lösungen* auf den Markt. Nach meiner persönlichen Erfahrung in vielen Projekten hat es nur ein einziges Unternehmen in diesem Bereich geschafft, nach mehr als 20 Jahren Marktpräsenz ein Add-on bereitzustellen, das die Anforderungen der heutigen Zeit klar erfüllt. Die nachfolgenden Abbildungen sind mit freundlicher Genehmigung des Geschäftsführers Thomas Eichinger, Ingentis Softwareentwicklung GmbH in Nürnberg, in dieses Kapitel übernommen worden. Das Add-on »Ingentis org.manager« verfügt über eine komplexe Anbindung an das SAP HCM. Es kann direkt aus verschiedenen Anwendungen des OM in SAP HCM aufgerufen werden. Ein Funktionsbaustein liest, unter Beachtung des SAP-HCM-Berechtigungskonzepts, Personalstammdaten aus der Personaladministration und den Infotypen des OM aus. Mit dieser Schnittstelle können auch kundeneigene Infotypen, Felder und Verknüpfungen ermittelt und verarbeitet werden. So kann dieses Add-on eine Unternehmensstruktur sehr kundenindividuell darstellen, siehe Abbildung 6.22.

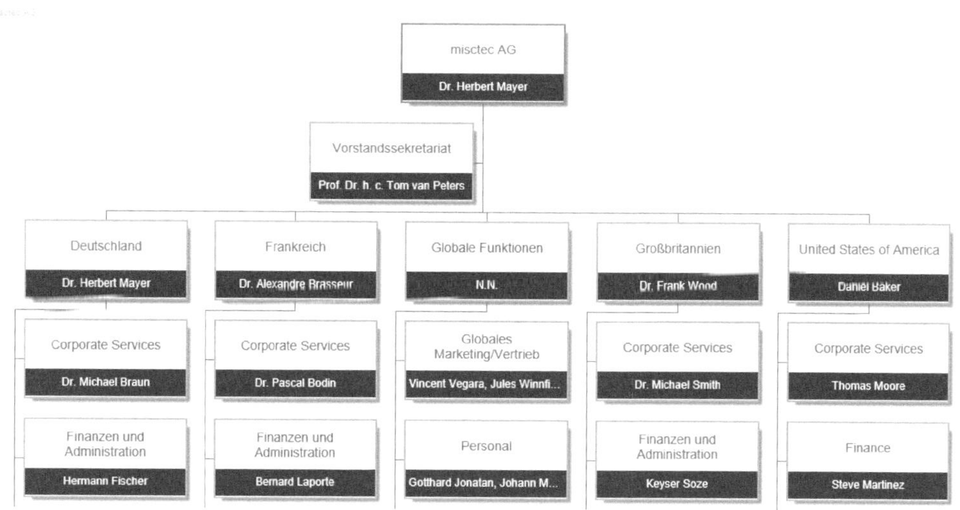

Abbildung 6.22: Organigramm mit dem Ingentis org.manager

Über verschiedene Anzeige- und Granulierungsoptionen lassen sich Organigramme aufrufen, die entweder intern oder aber auch für öffentliche Präsentationen bereitgestellt werden können. Es kommt darauf an, wer auf diese Grafiken Zugriff hat und von wo aus sie aufgerufen werden. Neben Organigrammen lassen sich auch Dashboards erstellen, siehe Abbildung 6.23.

Abbildung 6.23: Dashboard im Ingentis org.manager

In diesen Dashboards steckt viel Potenzial, die Werte und Informationen der vorher eingesetzten Infotypen des OM in einer Detailansicht zur Verfügung zu stellen. So kann beispielsweise zu einer Planstelle vom einfachen »Telefonbuch« über komplexe interne Auswertungen bis hin zu Potenzialen und Aufgaben eines Planstelleninhabers fast alles dargestellt werden. In der Abbildung 6.24 können Sie erkennen, wie Sie ein Organigramm um die zusätzliche Angabe von personenbezogenen Daten erweitern. Hier sind der Ausgabe von Zusatzinformationen fast keine Grenzen gesetzt. Die Verfügbarkeit der Daten und auch die Einhaltung der Bestimmungen des Datenschutzes sind natürlich wichtige Voraussetzungen.

Vor der Einführung eines Add-ons beachten

Wichtig ist, sich vor der Einrichtung eines solchen Add-ons ausführlich beraten zu lassen. Eventuell müssen Sie auch Daten im OM oder in den Infotypen der Personaladministration nachtragen. Was nicht im System hinterlegt ist, kann keine Software grafisch darstellen.

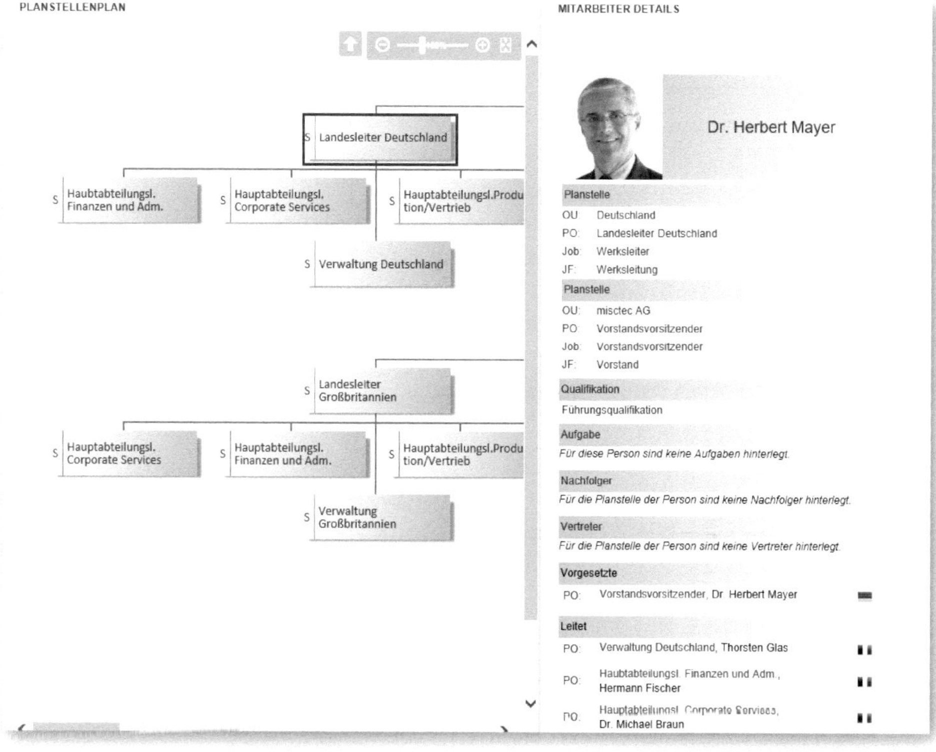

Abbildung 6.24: Detailansicht im Ingentis org.manager

Darstellungs- und Auswertungsapplikationen wie der Ingentis org.manager werden auch in Zukunft eine wertvolle Möglichkeit sein, Unternehmenskennzahlen aufzubereiten und der jeweiligen Zielgruppe in geeigneter Form anzubieten. Der Trend geht derzeit in Richtung von Cloud-Anwendungen. Das bedeutet, dass die Daten nicht auf Ihrem System, sondern bei einem Dienstleister in einem Rechenzentrum zur Eingabe und Auswertung auf einem geschützten und nur für Sie zugänglichen Speichermedium hinterlegt sind. Auch das bieten moderne Add-ons, da sie im Prinzip aus jeder Datenquelle, und wenn es eine CSV-Datei ist, über eine Schnittstelle Daten verarbeiten und darstellen können.

6.12 SAP Business Workflow

Wenn das Thema »Organisationsmanagement« behandelt wird, darf der *SAP Business Workflow* nicht fehlen. Was versteht man genau unter dem Begriff »Workflow« im Kontext eines Personalwirtschaftssystems? Mit dem SAP Business Workflow können Sie betriebswirtschaftliche Geschäftsprozesse auf einfache Weise definieren. Dies können Freigabe- oder Genehmigungsverfahren sein, wie zum Beispiel die Bearbeitung eines Abwesenheitsantrages. Workflows werden dann eingesetzt, wenn bestimmte Prozesse immer wieder durchlaufen werden müssen und eine Vielzahl von Bearbeitern in einer genau definierten Reihenfolge gefragt ist.

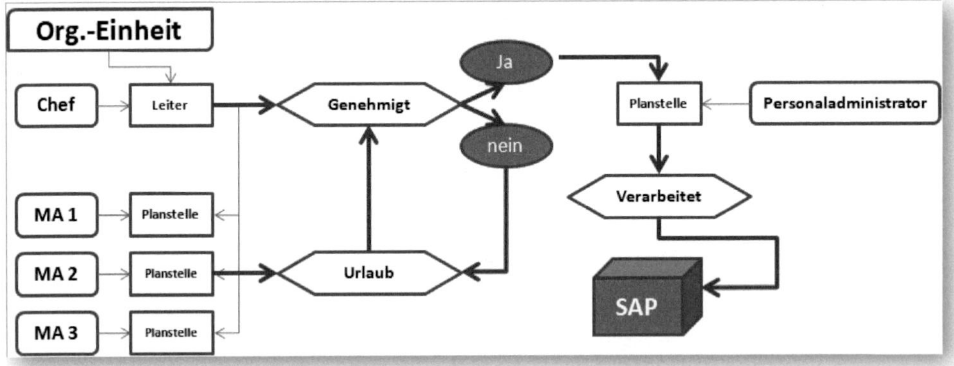

Abbildung 6.25: Schematische Darstellung Workflow

Abbildung 6.25 zeigt sehr vereinfacht, wie der Workflow für einen Urlaubsantrag von MITARBEITER 2 aussieht. Der Workflow sucht entlang der *Aufbauorganisation im OM* den LEITER der Organisationseinheit, der für die Mitarbeiter der darin angesiedelten Planstellen zuständig ist. Er kann nun den Antrag genehmigen. Ist das geschehen, geht der Antrag an den vorher im Workflow definierten Bearbeiter, in unserem Beispiel ein PERSONALADMINISTRATOR, der den genehmigten Urlaubsantrag in SAP eingibt. Ist der Urlaubsantrag nicht genehmigt, geht er zurück an den Antragsteller, der nun die Möglichkeit hat, den Antrag zu ändern oder zu löschen.

Dies ist eine wirklich sehr vereinfachte Beschreibung einer höchst komplexen Funktionalität im SAP-System, die in allen Modulen zum Einsatz kommen kann. Für Workflow-Prozesse im SAP HCM wird u. a. die Aufbauorganisation im OM (vgl. Abschnitt 3.1.45) verwendet, um diesen funktionalen Ablauf entlang der Objekte und deren Verknüpfungen aufzubauen. Es gehören noch viele Komponenten dazu, um einen wirklich sinnvollen und funktionierenden Workflow zu realisieren. Es muss natürlich geklärt werden, wo und in welchem Format der Urlaubsantrag abgebildet wird. Ist es eine Web-Oberfläche oder ein interaktives Adobe-Formular? Wie erhält der Vorgesetzte den Antrag und wie wird er informiert, dass er etwas genehmigen muss? Das kann ein Pop-up im SAP-System sein, oder er erhält eine E-Mail, die ihn auffordert, den Antrag zu bearbeiten. Es existieren hier unzählig viele Variationsmöglichkeiten, die sich erst einmal u. a. an der im Unternehmen vorhandenen IT-Landschaft orientieren. Das Organisationsmanagement ist ein unverzichtbarer Bestandteil dieser Funktionalität.

7 Fazit/Ausblick

In diesem Buch haben Sie eine Vielfalt an Informationen zum SAP-Human-Capital-Management-System erhalten. Zu zahlreichen der angesprochenen Themen gibt es diverse Interpretations- und Gestaltungsmöglichkeiten. In jedem Unternehmen wird es daher unterschiedliche Ausprägungen der Infotypen und insbesondere der dazugehörigen Subtypen geben. Auch das Reporting wird je nach System mehr oder weniger genutzt. Daher möchte ich Ihnen dringend empfehlen, sich im Rahmen der Einarbeitung an Ihrem neuen Arbeitsplatz ausführlich mit erfahrenen Kollegen in den verschiedenen Themen der Personalabteilung zu besprechen. Wird SAP HCM neu eingeführt, lassen Sie sich dessen Möglichkeiten ausgiebig von den einführenden Beratern erklären und bestehen Sie auf einer detaillierten Projektdokumentation, damit Sie später bei auftretenden Fragen darin nachschlagen können.

Mir ist es sehr wichtig, noch einmal auf das Thema »Berechtigungen« zu sprechen zu kommen. Wie schon in einigen Kapiteln angedeutet, werden Sie nicht jede Transaktion, die in diesem Buch vorgestellt wurde, ausführen können. Es gibt Unternehmen, die Berechtigungen äußerst restriktiv vergeben, während andere diesbezüglich sehr freizügig sind. Machen Sie sich mit dem System vertraut. Lassen Sie sich einen User für das Testsystem oder einen Sandkastenmandanten geben. Hier werden die Berechtigungen mit Sicherheit großzügiger vergeben worden sein, da darin in der Regel keine Echtdaten oder nur anonymisierte Echtdaten vorliegen. Denken Sie auch immer daran, dass man Sie mit restriktiven Berechtigungen auf dem Produktivsystem nicht ärgern will, sondern Berechtigungsverantwortliche ganz einfach die Mitarbeiterdaten und Änderungen daran geschützt wissen wollen. Wenn Sie für Ihre Arbeit eine zusätzliche Berechtigung benötigen, wird diese im begründeten Fall mit Sicherheit auch gewährt werden.

Nach so vielen Informationen kann ich nur empfehlen, den konsumierten Stoff erst einmal »sacken« zu lassen und nach einiger Zeit das Buch noch einmal in die Hand zu nehmen. Sie werden vorbereitet sein, wenn Sie in das Projekt »Einführung von SAP HCM« einsteigen oder die neue Stelle bei einer Firma antreten, bei der das SAP HCM als Personalwirtschaftssystem eingesetzt wird. Sie werden auch die Berater besser verstehen, die mit Begriffen wie »Strukturen«, »Infotypen« und »Transaktionen« wie selbstverständlich umgehen und meist nicht die Zeit haben, jeden Einzelnen ins Boot zu holen. Das geschieht meist nicht in böser Absicht, aber die Erfahrung zeigt, dass für Training und Schulung in den meisten Projektbudgets keine größeren Beträge berücksichtigt wurden. Wenden Sie sich an erfahrene Anwender und bitten Sie sie, Ihnen ihre Erfahrungen und Kenntnisse zum SAP-HCM-System zu vermitteln. In jeder Personalabteilung gibt es den »System-Guru«, der gerne sein Wissen teilt.

Denken Sie immer daran:

Das System ist nur so gut, wie die Sorgfalt und Vollständigkeit, mit der die Daten in das System eingegeben wurden.

Sie haben das Buch gelesen und sind mit unserem Werk zufrieden? Bitte schreiben Sie uns eine Rezension!

Unser Newsletter

Wir informieren Sie über Neuerscheinungen und exklusive Gratisdownloads in unserem Newsletter.

Melden Sie sich noch heute an unter *http://newsletter.espresso-tutorials.com*

A Der Autor

Wolf Kanngießer hat sich nach seinem Abitur, einer kaufmännischen Lehre zum Bürokaufmann und einem berufsbegleitenden BWL-Studium (an der VWA) bei verschiedenen Großunternehmen der Autovermietungsbranche vom Verkaufsrepräsentanten zum Vertriebsleiter Deutschland entwickelt. Parallel dazu war er lange Zeit als Trainer für Vertriebs-, Kommunikations- und Verhaltenstraining tätig.

1998 entschied sich Wolf Kanngießer für eine Zertifizierungsschulung im Bereich SAP HCM und war zunächst freiberuflich als HR-Berater tätig. Im Jahr 2002 schloss er sich als Berater der hcc human capital consulting GmbH an, die 2007 in die KWP team HR GmbH (heute KWP INSIDE HR GmbH) aufgenommen wurde. Hier wurde er später zum Prokuristen ernannt und nahm auch andere Aufgaben im Unternehmen wahr. Schwerpunkt seiner Arbeit war zunächst die HR-Einführung bei unterschiedlichen Großkonzernen. Seit Anfang 2008 bis heute ist er als Senior Consultant für die Bereiche Digitale Personalakte, Dokumentenerzeugung in SAP HCM und Adobe Printformulare tätig.

Wolf Kanngießer ist ebenfalls Autor des 2017 bei Espresso Tutorials erschienenen Buches »Formulargestaltung in SAP HCM – PDF-Formulare mit HR Forms erstellen«.

B Index

A

B

C

D

E

F

G

H

I

K

L

R

S

T

U

V

W

Z

C Disclaimer

Die in diesem Werk wiedergegebenen Gebrauchsnamen, Handelsnamen, Warenbezeichnungen usw. können auch ohne besondere Kennzeichnung Marken sein und als solche den gesetzlichen Bestimmungen unterliegen. Sämtliche in diesem Werk abgedruckten Bildschirmabzüge unterliegen dem Urheberrecht der SAP SE, Dietmar-Hopp-Allee 16, 69190 Walldorf.

In dieser Publikation wird auf Produkte der SAP SE Bezug genommen. SAP, R/3, SAP NetWeaver, Duet, PartnerEdge, ByDesign, SAP BusinessObjects Explorer, StreamWork und weitere im Text erwähnte SAP-Produkte und Dienstleistungen sowie die entsprechenden Logos sind Marken oder eingetragene Marken der SAP SE in Deutschland und anderen Ländern. Business Objects und das Business-Objects-Logo, BusinessObjects, Crystal Reports, Crystal Decisions, Web Intelligence, Xcelsius und andere im Text erwähnte Business-Objects-Produkte und Dienstleistungen sowie die entsprechenden Logos sind Marken oder eingetragene Marken der Business Objects Software Ltd. Business Objects ist ein Unternehmen der SAP SE. Sybase und Adaptive Server, iAnywhere, Sybase 365, SQL Anywhere und weitere im Text erwähnte Sybase-Produkte und -Dienstleistungen sowie die entsprechenden Logos sind Marken oder eingetragene Marken der Sybase Inc. Sybase ist ein Unternehmen der SAP SE. Alle anderen Namen von Produkten und Dienstleistungen sind Marken der jeweiligen Firmen. Die Angaben im Text sind unverbindlich und dienen lediglich zu Informationszwecken. Produkte können länderspezifische Unterschiede aufweisen.

Der SAP-Konzern übernimmt keinerlei Haftung oder Garantie für Fehler oder Unvollständigkeiten in dieser Publikation. Der SAP-Konzern steht lediglich für Produkte und Dienstleistungen nach der Maßgabe ein, die in der Vereinbarung über die jeweiligen Produkte und Dienstleistungen ausdrücklich geregelt ist. Aus den in dieser Publikation enthaltenen Informationen ergibt sich keine weiterführende Haftung.

Weitere Bücher von Espresso Tutorials

Udo Walsch, Jürgen Schmitz, Lars Möller:

Praxishandbuch SAP®-Zeitwirtschaft (HCM-PT)

- Abbildung gesetzlicher, tariflicher und betrieblicher Regelungen
- Implementierungsdetails zum Arbeitsplatz »Personalzeitmanagement« (TMW)
- Vereinfachung durch ESS- und MSS-Prozesse
- Konzipierung von Zeitauswertungsschemen und -regeln

http://5120.espresso-tutorials.de

Marcel Schmiechen:

Berechtigungen in SAP® ERP HCM – Einrichtung und Konfiguration

- Rollen- und Profilvergabe im SAP-Personalwesen
- Aufbau eines HCM-Berechtigungskonzepts
- strukturelle und kontextsensitive Berechtigungen
- SAP-Portalrollen vs. Backend-Rollen

http://5160.espresso-tutorials.de